科学探索小实验系列丛书

探索我们生活的环境

宫春洁　杨春辉　何　欣 / 编著

吉林人民出版社

图书在版编目（CIP）数据

探索我们生活的环境 / 宫春洁, 杨春辉, 何欣编著
. -- 长春：吉林人民出版社, 2012.7
（科学探索小实验系列丛书）
ISBN 978-7-206-09169-8

Ⅰ.①探⋯ Ⅱ.①宫⋯ ②杨⋯ ③何⋯ Ⅲ.①环境保护 - 普及读物 Ⅳ.①X-49

中国版本图书馆 CIP 数据核字 (2012) 第 161398 号

探索我们生活的环境

TANSUO WOMEN SHENGHUO DE HUANJING

编　　著：宫春洁　杨春辉　何　欣
责任编辑：周立东　　　　　　封面设计：七　洱
吉林人民出版社出版 发行（长春市人民大街7548号　邮政编码：130022）
印　　刷：北京市一鑫印务有限公司
开　　本：670mm×950mm　　　1/16
印　　张：12　　　　　　　字　　数：138千字
标准书号：ISBN 978-7-206-09169-8
版　　次：2012年7月第1版　　印　　次：2023年6月第3次印刷
定　　价：38.00元

如发现印装质量问题,影响阅读,请与出版社联系调换。

前　言

主题情节连连看

《科学探索小实验系列丛书》中的七个主题范围能够帮助你了解本书的内容。

第一个主题"揭开科学神秘的面纱"，介绍了科学的本质和科学研究方法中的基本要素，例如：提问题、做假设或进行观察。活动中有许多谜语和具有挑战性的难题。"情景再现"系列由一组科学奥林匹克题组成。

第二个主题"探索物质和能的奥秘"，介绍了许多基本的科学概念，例如：原子、重力和力。这个主题涉及物理和化学领域的一些知识。"情景再现"系列包含比任何魔术表演都更有趣的科学表演——因为你明白了这些"把戏"的秘密。

第三个主题"探索人类的潜能与应用科学"，涉及生理学、心理学和社会学等方面的知识。"情景再现"系列则着眼于人类基本的视觉、听觉、触觉、嗅觉和味觉。应用科学讲述的是工艺学和一些运用科学来为我们服务的方法。"情景再现"部分集中研究飞行，也包括几种纸飞机和风筝的设计。

第四个主题"探索我们生活的环境"，从简单环境意识的训练入手，接着是讲述生态系统的运作原理，最后以广博的"情景再现"系列结束。这一系列讲述了许多我们面临的环境问题，这个系列的一个重要特征是它包括有关判断和决策的各项活动。

第五个主题"探索岩石、天体中的科学"，涉及地质学的知识，即对地球内部和外部的研究，简单的分类活动也被列在其中。"情景再现"系列讲的是岩石的采集，包括采集样本、测试和分析。有关天体讲述的是浩瀚宇宙中的地球。活动范围覆盖了天文学和占星术，包括有关月亮、太阳、恒星和其他行星的知识。

第六个主题"探索生物中的科学"，运用了比岩石、天体部分更进一步的分类技巧，这是因为对生物进行研究，难度更大。"情景再现"系列讲述了绿色植物、真菌和酵母的培植。研究动物包括哺乳动物、鸟类、昆虫、鱼类、爬行动物和两栖动物。活动的范围从某类动物的特征和适应能力到对不同种类动物的对比。"情景再现"部分集中于对动物的观察。观察的办法是去它们的栖息地或让这些动物走近你，例如：去昆虫动物园。

第七个主题"探索天气中的科学"，始于有关空气特性的活动，而后是有关雨、云和小气候的活动。"情景再现"部分讲的是如何建造和使用家用气象站。

阅读与应用宝典

《科学探索小实验系列丛书》是一套能够帮助中小学生去探索周围神奇世界的综合图书，书里面收集了大量的需要亲自动手去做的实践活动和实验。

《科学探索小实验系列丛书》可以作为一套科学的入门宝典。书中包括许多有趣的活动，效果很好。为了使家长和教师能够更加方便地回答学生们提出来的问题，本书在设计上简明易懂。同时，书中的设计也有利于激发学生们提出问题。

《科学探索小实验系列丛书》以时间为基础分为三个主要部分的原因。"极简热身"是一些短小的活动。这些活动很少或不需要任何材料。许多这类活动可以在很短的时间内完成。极简热身通常就某一主题范围介绍一些基本概念。"复杂运动"需要一定计划和一些简单的材料，完成这种活动至少需要半个小时。复杂运动经常深入地解决重要主题范围内的一些概念。某一特定主题范围内的"情景再现"活动是相辅相成的。这些活动突出此主题范围的一个中心或最终完成一项完整的工程，例如：一个气象站。如果愿意的话，你可以独立完成这些活动。"情景再现"活动需要一定计划和一些简单的材料。

《科学探索小实验系列丛书》囊括了科学研究的所有基本方面，被划分成七个主题范围和四十个话题。如果要集中研究某个特定的主题，那么仔细查阅一下那个主题范围内的所有活动。如果你只是在查找有关某一主题的资料和事实，可以挨页翻看带阴影的方框中的内容。总之，每页的内容都是在前些页内容的基础上形成的。

除了主题之外，《科学探索小实验系列丛书》又被分为四十个话题。这些话题为各主题内部及各主题之间的活动提供了概括性的纽带。活动的话题被列在这个活动中带阴影的方框的底部。与活动联系最为紧密的话题被列在第一位，间接的话题被列在后面。

《科学探索小实验系列丛书》中的主题部分可以帮助教师，使活动适应课程的需要。但是由于本书主要是以时间为基础进行划分的，所以按主题范围划分的重要性就被降低了。而且，由于现实世界并没有被划分成不同的主题范围，所以学生们的兴趣也不可能完全一下子从一个主题范围内一个活动跳跃到另一个主题的活动上去。因此，各种话题可能要比划分出来的主题范围更为重要。重要的原因还在于它们能够鼓励一种真正地探索科学的精神。有时有的活动可能引发出与此活动相关，但是在此活动主题范围以外的问题，也可以把各个话题作为检索《科学探索小实验系列丛书》的一种途径。有时，通过不同途径重复进行同一种活动，会有助于学生全面了解事物。各类话题使你将各种活动看作一个有机整体。各种活动相辅相成，有助于学生加深理解，增长见识，培养兴趣。同时在总体上会使学生对科学持一种积极的态度。

《科学探索小实验系列丛书》在每个篇目中都安排了一个活动，主要是通过在每个实验步骤中出现的各种问题来激励深层次的思考。书中大多数活动都是开放型的，允许有各种可行的、合理的结论。每个活动的开头都有两行导语，接下来是活动所需的材料清单和对活动步骤的详细描述。有关事实与趣闻的小短文遍布全书，里面的内容包括奇妙的事实和可以尝试的趣事。

《科学探索小实验系列丛书》中的活动范围从实物操作、书面猜谜、建筑工程到游戏、比赛和体育活动不等，其中有些活动需要合作完成。有些活动是竞赛，还有一些活动是向自我提出挑战。

研究科学不需要正规的实验室或昂贵的进口材料。对学生来说，这个世界就是一个实验室。人行道是进行一次小型自然徒步旅行的绝妙地方。他们可以在教室的水槽里做有关水的实验，把窗台变成温室或观测天气和空气污染的地方。他们可以用厨房的一个角落来培植霉菌和酵母。

因此，《科学探索小实验系列丛书》中所用到的材料都不贵，而且都很容易就能找到。其中一些材料需要你光顾一下五金或园艺商店，但大多数材料在家里就可以找得到。

有效使用《科学探索小实验系列丛书》的一种方法是制作一个用来装科研材料的箱子。带着这个工具箱和这本书，你就可以随时随地地进行科研活动了。工具箱内应装有在《科学探索小实验系列丛书》中需要的简单材料，如塑料袋或容器、放大镜、纸、铅笔、蜡笔、剪刀、吸管、镜子、绳子、雪糕棍、松紧带、球、硬币、水杯，等等。

《科学探索小实验系列丛书》被设计成一本有趣易懂的书——它从书架上跳下来，喊道："用我吧！"

寄语教师与家长
——提高科学研究的质量需要寓教于乐

教师和家长们一方面一直在寻找激起孩子好奇心的方法，另一方面又在为满足孩子的好奇心而努力地指导他们。"好奇心"不只是想去感知的冲动，而是要去真正理解的强烈愿望。科学研究的目的就是要了解这个世界和我们自己。科学研究中的好奇心是指能够转变成追求真知的好奇心。

罗伯特·弗罗斯特（Robert·Frost）说过，"一首诗应该始于欢乐，终于智慧"。这句话对包括严谨的科学在内的其他创造性思维同样适用。"始于欢乐"，有趣的科学活动充满了吸引力，让人流连忘返。"终于得到智慧"，科学活动也会起到教育的作用。

中小学生是为了成为21世纪高效、多产的合格公民，需要在发展的生活中获得必需的科学认知能力。无论是男女老少，住在城市还是乡村，从事脑力劳动还是体力劳动，科学研究对每个人来说都很重要。正是因为有了科学，我们才发展到今天。科学研究创造了我们享受的舒适，也提出了我们必须解决的问题。明智地使用科研成果能够把世界变得更加美好，而胡乱地利用它们将会导致全球性的灾难。

学习科学要进行智力训练。与其他许多事物一样，人们在幼年时期就必须接受智力训练。如果学生没有学会科学的、系统的思考方法，那么他们长大后就会盲目地接受别人的观点，把科学和迷信混为一谈，轻信武断的决定而不是相信成熟的见解。

与语言、艺术、数学和社会学相比，人们对科学研究的重视程度较低。在许多小学，与科学研究相关的学习时间每周只有几个小时，学生对科研的兴趣降低了，人们对与科研相关学科课程发展的支持也明显减少了。今天，调查感叹科学教育的不足，社会发展对熟练科技人才的需求，计算机的日益普及和严重的全球性的环境问题，使人们看到了社会重新对科学研究产生兴趣的希望。

在某种程度上说，提高"科学认知能力"意味着鼓励更多的中小学生认知科研事业的重要性。现在，科研及其应用比以往任何时候发展得都要快。我们需要更多的科学家、技术人员和工程师在未来的复杂世界中发挥作用。

更为重要的是，对科学的认知能力要求我们认识到科学研究并不只是由专家们来为我们做的，而是要求我们去亲自实践。科学读物中的理论知识与真正理解之间是脱节的。没有人们的理解和热心钻研，这些知识只是潜在的，而不是真正被掌握的人类知识。为了能够跟上社会发展的步伐，每个人都应该具备相应的科学知识。科学的认知能力也包括能够运用基本的科学技巧做出明智的决定。在科技发达的社会里，科学的决策推动着生活的进步。我们应建更多的原子能工厂吗？哪些疾病的研究应获得科研基金？应该控制世界人口吗？怎样看待试管婴儿和代理妈妈？

对科学的认知可以从一本介绍科研活动的书开始。科学活动能够使学生获得一种可以控制不断变化的，充满问题的世界的感觉。首先，这些活动为学生提供了一个学做具体事情，从而改善世界的机会。例如：有关环境的活动使学生们知道他们可以马上采取哪些行动来保护环境。其次，科学活动能够让学生亲自体验哪些办法行得通，哪些行不通。例如：学生可以直接比较水和醋在植物生长过程中起到的作用。第三，科学研究可以帮助人们理解事物，消除恐惧和疑惑。例如：飞机上升时耳朵有发胀的感觉会使你感到惊慌。当你明白了为什么会出现这种情况并知道如何缓解压力的时候，就会好多了。第四，科研活动能够让你更加深刻地认识到这个世界确实十分奇妙。例如：为什么割了手指会感到疼痛，而割到指甲时不会感到疼？最后，科学活动通过鼓励积极参与和培养个人责任感来平衡学生在依赖电视这一年龄阶段所形成的被动观察。

科学研究是对世间奇迹的探索，这一点学生们认识得最深刻。每位中小学生都可以被看作是未来的科学家。学生们想弄懂所有的事情。一旦他们找到了一位知晓一切的人——通常是父母或老师——他们便源源不断地提出问题。想要了解事物如何发展变化以及这个世界的存在方式是一件正常的事情。在最基本的层次上，科学讲的就是这个。科学家只不过是一些专业人员。他们所从事的研究，学生们都能够自然地做出来。科学家的内心活动实际上与学生们的一样。学生实际上就是小科学家。

　　研究表明，家长和小学教师（与高中教师相反）在使学生对科学研究产生兴趣这一点上，由于他们自身的疑问和好奇心以及他们敢于承认自己专业知识的缺乏，使他们在指导学生进行科学实践的过程中占据了优势。这也与他们鼓励学生与他人分享想法和经验有关。

　　科学不能光靠空谈，还必须亲自动手去做。学生在主动的，需要动手的环境中更能兴趣盎然地进行学习。研究表明，动手实践能使学生的能力在科学研究和创造性活动中得到大幅度的提高；实践活动也提高了学生在感知、逻辑、语言学习、科学内容和数学等方面的能力，同时也改变了他们对科学研究和科学课的态度。更为有趣的是，人们发现那些在学习上、经济上或两个方面都略显逊色的学生们在以实践活动为基础的科研中获得了很大收益。

　　有时，让学生直接与被研究对象接触是非常方便的。例如：他们能直接利用光来制造阴影。而另外一些研究对象（如恐龙和其他行星）无法使学生获得直接经验。此时我的脑子中就闪出了这样的想法：得让学生们积极地参与进来。于是，故事和戏剧等形式被融入活动之中，来代替直接经验。

　　进行科研活动常用的一种好办法就是分三步走的"循环学习法"。对科研实践来说，循环学习法是一种简单有效的方法。它始于20世纪60年代，是由美国国家科学基金会赞助发起的。它是科学课程完善性研究的一部分。作为一种使学生们直接主动地进行科研实践的教学策略，它已初显成效。

　　在循环学习法中，学生在接触新的术语或概念之前，要先完成一个活动。其目的是让学生通过他们的个人亲身经历，逐步形成并不断加深对这些知识的认识。学生可以在一种结构严谨，并且灵活多变的方式中开始探索，进行活动。接下来是对活动进行讨论。最后一步是重复这个活动或活动中的某些形式，以使学生们能够把新学的概念运用到实际当中。

循环学习法的第一步，初步接触活动，是让学生们去发现新的观点和材料。当学生们初次进行某项活动时，他们便获得了建立在实践基础上的科学概念。游戏是获得信息的基础，而且概念的培养也离不开直接的动手实践。学生们有能力去观察，收集材料、推理、解释和进行实验。在必要的时候，教师或父母可以充当监督或咨询的角色，通过提出问题来帮助学生们完成活动，千万不要告诉学生们去做什么或给出答案，不要使孩子们产生一定要做对的压力，而是要使他们专心于做的过程。

举一个利用循环学习法来使用《科学探索小实验系列丛书》的例子。假设你对植物这个主题感兴趣，你可能在"情景再现"这一部分找到相关活动。这一循环的第一步包括一个有关种子的活动。首先展出不同的种子并让学生们用放大镜去观察和比较。在第二步，你与学生们讨论他们的观察结果，并列出他们所观察到的种子的物理特征。然后可以让他们读本有关种子的书。在最后一步，让学生们继续深入研究种子。如把不同的水果切开，比较它们的种子，或者甚至可以把利马豆浸泡一夜后进行解剖。

接下来便到了讨论阶段。通过讨论，可以帮助学生发现实践活动的意义所在。而且，学生在进行观察并形成了某种看法之后，也急于与别人交流，把他们的发现公之于众。

可以在讨论过程中使用《科学探索小实验系列丛书》中的背景知识介绍基本概念和词汇。书中的信息如果能和其他资料，如教科书、词典、百科全书、视听辅助手段等相结合，还可以不断地拓展、丰富。书中有些背景注释为了适合青少年学习，可以稍作改动。不过，如果使用的语言过于简单，它就不具有挑战性的研究价值了，学生们也就不可能重视隐含在字面之后的概念。

讨论应在自由开放的氛围中进行。交际能力使讨论充满活力和具有成效是非常重要的。

发展主动的听力技巧。重述学生们的话，向他们表明你一直在听，而且明白他们的意思。

提出非限定性的问题。如"你是怎么看的?""发生了什么⋯⋯?""如果⋯⋯，会怎样?""怎样才能发现⋯⋯?""怎么能确定⋯⋯?""有多少种方法能够⋯⋯?"

当学生们提出问题时，让他们再仔细考虑一下这些问题。要求他们提供更多的信息和实例，鼓励他们去描述，让他们作出尽可能多的答案，而不是只停留在某个唯一"正确"的答案上。

让学生们评估他们的发言。各组可以列出他们的优点和缺点。

当然，所有这些必须由教师或家长组织练习并且使之与参加活动的学生们的层次相适应。一旦你与学生们就某项活动的讨论获得成功，学生们就可以重复这项活动，这样做给学生们提供了应用理论的机会。每进行一项活动，他们都会在更深的层次进行研究，获得新的发现，使理论得到强化。循环学习法的最后阶段可以作为一项新的活动的起点。学生们可以通过进行新的活动来扩充现有理论。

出版《科学探索小实验系列丛书》的目的就是为了鼓励这些学生。更重要的一点是，要让家长、教师和学生把握什么才是真正的科学。仅仅为了完成教学任务，而"填鸭式"地将知识灌输给学生，从长远意义上来说，是对学生是有害的。学生科学认识能力的提高，并不在于学了多少，而是要看学习的方法。《科学探索小实验系列丛书》鼓励培养学生对科学的洞察力，对概念的理解能力和高度的思维技巧。

十个基本步骤掌握科学方法

要用科学的方法组织科研活动。使用科学的方法就像侦探调查神秘的案子一样。科学的方法实际上是组织调查研究的计划。它实际上不是一整套需要遵循的程序，而是一种提问和寻求答案的方法。

1. 确定问题。决定你究竟想了解什么。尽管开始时可以产生几个相关的问题，但最终要把它们归纳成一个可以进行初步探究的具体问题。你无法用真正的火箭去做实验，但是却可以用气球来研究火箭的工作原理。

2. 收集与问题相关的信息资料。这部分属于研究的范畴。研究可以激发直觉的产生，而直觉又在科学研究中起到了关键的作用。直觉是在大脑下意识地作用于积累的经验时产生的，它随时随地都会出现。尽管大多数情况下直觉是错误的，但它也有正确的可能。因此我们必须通过实验来验明真伪。

3. 接下来对问题的答案进行猜测。这一步被称为"假设"。

4. 找出变量，即那些可以改变和控制的东西。这通常是科学方法中最难的部分。它要求对假设进行仔细的分析。在不同的试验中，至少有一个变量需要改变。同时，无论你在改变的变量重要与否，总有一些变量得保持不变。例如：你正在研究用盐水浇灌植物的效果。你手中有两株植物，你用完全相同的办法培育它们：同样的种子、土壤、日照和温度等，这些是控制不变的变量。这两株植物唯一的区别是其中一株是用自来水浇灌的，而另一株则是用盐水浇灌的，这些就是被控制变化的变量。

5. 决定回答问题的方法。详细写出你要做的每一步，不要假设或省略那些似乎"明显"的步骤。

6. 准备好所需的材料和设备。

7. 进行实验，记录数据。一定要准确测量和记录数据。通过重复实验来检查数据的准确性是很有用的。

8. 对比实验结果和假设。看二者是否吻合，假设没有正误之分，只有是否被支持的区别，无论怎样，你都会有所收获。

9. 作出结论。结论通常要回答更多的问题，如活动结果如何？说明了什么？活动是否有价值？怎样产生价值的？你学到了什么？你需要进一步研究什么？

10. 向别人公布你的发现。科学家们互相探讨他们的发现，使理论日趋完善。以交换智慧为目的，科学家们已经建立了全球范围的网络，来促进彼此间的交流。这给人们留下了深刻的印象。牛顿曾说过如果他看得更远一些，那是因为他站在了巨人的肩膀上。我们许多人熟知这个典故，但是却忘了问怎样才能找到巨人的肩膀并被它的主人所接纳。虽然我们对此不以为然，但是这种行为确实是十分特别和重要的。

当你使用科学的方法时，切记它不过是一个总体的计划，而不是什么定规。科学家真正进行科研的过程与我们所描述的科学工作往往

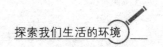

有许多出入。我们在描述中往往略去了研究工作中的遇到的许多挫折和错误。而正是被经常忽略的部分才是真正的充满挑战和挫折，令人兴奋的探索科学之路。

不对科学说"NO"

——写给致力于科学研究的女学生们

许多学生和成年人仍然认为科学研究不适合女性做。社会中某些微小的信息可以产生巨大的影响。在北美，女性占从事科研和工程劳动力的10%还不到。在社会对妇女就业采取明显限制的沙特阿拉伯，只有5%的女性从事与科研相关的职业。而在社会观念完全不同的波兰，则有60%的妇女从事科研活动。

如果我们要加强对青年女性的科学教育，那么必须及早入手——按照《科学探索小实验系列丛书》中所定的年龄阶段开始。研究结果表明，男女学生在对科学研究的成就、态度和兴趣等方面的差异在中学时期就已经明朗化。过了四年级以后，女学生就很少会像男孩一样对科学感兴趣，选修自然科学课并在科研活动中获得成功。

可以用实例来驳斥科学领域中男尊女卑的偏见。作为女孩的榜样，从化学家、物理学家居里夫人（Marie Curie）到宇航员罗伯特·邦达（Roberta Bondar），都应该作为科学活动的背景知识介绍给学生们。女科研教师或对科学感兴趣的母亲，都能成为有说服力的榜样。

有时，女孩似乎无意之中就陷入了科学研究中的"女性"领域，如对植物和环境的研究。要鼓励女孩去从事包含电学和磁力学在内的"男性"活动。应该给女孩们更多的时间和关注，让她们逐步熟悉传统上的"男性"器材（如电池、电路或罗盘）。不要强制她们去学习物理等学科，但是要给她们提供一个探索这些学科的机会，以便使她们能够做出明智的选择。

"男性"科学和"女性"科学教学技巧的侧重点不同。研究表明，在物理和化学教学中，解决问题方法很受欢迎，而在生物学中，理论教学和有指导的实验方法更受青睐。女孩通常对更为随便的处理型方法感到畏惧，因此放弃了解决问题的方法。

许多教育家认为，能够用大脑操纵空间的一个物体，使其旋转，以及建造三维立体模型的能力都是科学研究中必不可少的技能。研究人员对男孩与女孩在空间能力差异的程度和性质方面存在着分歧。大多数研究表明，空间能力的差异要到十四五岁时才出现。产生差异的原因主要是来自社会和教育方面的因素，而不是由先天的基因决定的。要鼓励女孩多做一些能够培养空间能力的活动（如用纸做三维几何模型）。

《科学探索小实验系列丛书》中的活动是为所有学生设计的——无论是男孩还是女孩。作为一条总的原则，当指导学生们进行《科学探索小实验系列丛书》中的活动时，要有意识地培养女孩去积极参与。研究显示女孩乐于扮演观察员或记录员的被动角色，而男孩则愿意扮演领导者。在教室中解决此问题的办法之一是把学生们按性别分组，进行科研实验。伟大的科研项目将从这里开始。《科学探索小实验系列丛书》会帮助你拓宽思路，并据此深入钻研。

　　《科学探索小实验系列丛书》中有许多值得思考的问题，这些问题为从事科研项目打下了基础。太多的学生以及他们的家长和教师认为科研项目就是要制造一些东西，如收音机或火山。但实际上科研项目是关于对科学的研究，即从问题入手，并用科学的方法去解决这些问题。

目 录

极简热身

复杂运动

情 景 再 现

极简热身

热身进行时

今天你有没有想到要感谢一下绿色植物？植物、动物和人相互需要，谁也离不开谁。矿物质等无机物创造出有生命的有机物。植物制造出人和动物不可缺少的氧气；人和动物则呼出植物必需的二氧化碳。

"生态学"（ecology）一词来源于一个表示"家"的意思的希腊词。生态学家们所研究的"家"就是地球。生态学包括研究生物之间以及生物和自然环境之间是如何相互影响的。

把各种不同的"非天然生成的"东西（如袜子、硬币、扫帚、枫树上的松果等）藏到一个大自然的环境里（如附近的公园）。人们可以循着"非自然"的踪迹，找出所有藏起来的东西。

我们赖以生存的环境正在发生着变化。如果回到500年前的大草原，你会看到草原上长满各种草，一些灌木，并零星点缀着几棵树；那儿还会有许多动物——水牛、草原狼、野兔、草原狗、野鼠、蛇、鹰及其他鸟类和昆虫。而今天，在同一地方，你可能只会看到一片片的玉米或小麦，放眼望去，只是一种植物，动物也大大地减少了。

在一分钟内环顾某一给定的区域，如一片田野。然后转过身，凭记忆列出刚才看到的所有的颜色。把记住的都写在纸上后，再观察那片区域，找出至少两种没记下来的颜色，记住根据深浅不同，绿色可分为很多种。

名人物语

"环境是大家共同拥有的财富，而宇宙更不是归我独有。"

——巴克敏斯特·富勒

名人堂

巴克敏斯特·富勒

巴克敏斯特·富勒，美国建筑师，人称无害的怪物，半个世纪以前富勒就设计了一天能造好的"超轻大厦"、能潜水也能飞的汽车、拯救城市的"金刚罩"……他在1967年蒙特利尔世博会上把美国馆变成富勒球，使得轻质圆形穹顶今天风靡世界，他提倡的低碳概念启发了科学家并最终获得诺贝尔奖。他宣称地球是一艘太空船，人类是地球太空船的宇航员，以时速10万

公里行驶在宇宙中，必须知道如何正确运行地球才能幸免于难。

富勒1895年出生在美国马萨诸塞州的米尔顿市，巴克小时候看不清楚外界，因为他的眼睛不能直视前方，所以，他的世界充满着大量的不清晰色彩。当他4岁时，他戴上眼镜来矫正视力。突然，他能够看清人们的脸型，他能够看到天上的星星和树上的树叶，他从来没有失去他所发现的美丽世界的乐趣。

在儿童时代，富勒对任何事情都提问，他是一个在早期就有非常独立思想的人，随着他长大，他的样子越来越怪，他的头很大，身高不到1.6米，两条腿还不一样长。这令他感到很忧郁："我是大自然的畸形现象，是个与社会格格不入的人。"他拒绝接受别人的思想和规则，他的家族是一个古老的家族，从1760年以来，这个家族所有的男丁都是哈佛大学毕业的。富勒也不例外地进入了哈佛大学，但是刚刚读了半年就因为偷拿学费去花天酒地而被除了名。那年秋季，富勒再次注册入学，不久之后，第二次遭到除名，他认为他的时间用于有趣的事物比学习更好。

21岁时，富勒加入美国海军，参加了第一次世界大战。在海军，他学习了所有的航海知识、数学、机械、通信和电子发动机，他热爱现代技术世界。他参加海军不久，他就设计了一种新型的营救设施。在训练期间，他帮助营救了一些飞行员的生命。富勒在海军良好的纪录为他赢得了在马里兰州安纳波利斯美国海军学院短期培训的机会。正是在那，他第一次发展了这两种思想，而这次休养对他而言是非常重要的。当他在学习军舰时，富勒认识到军舰的重量比建筑物轻很多，而且还可以轻更多，他确定更好的设计也能帮助人类做得更多，而用更少的材料。

20世纪20年代，他设计出的第一座建筑物是这样的：圆形结构的六面体，用铝和玻璃制成，建筑的中间是一根钢结构的"中央动力柱"，它支撑着头顶上一张拉索网络，建筑的"墙壁"也是这样的拉索网格，网格的表面覆盖着绝缘的双层透明材料。这个建筑有许多独特的功能，比如可以利用太阳能发电，水是清洁的而且是可重复利用的。设有电视、自动真空吸尘系统、空气调节和自动开关的门（这些在当时都还没有发明出来）。同时这个建筑还很轻便，悬浮于空中的飞艇可以钩住房子的吊索，将它带到任何地方……1920年，这一建筑模型在芝加哥展出，轰动一时，但也只是轰动一时而已。没有人认为这种房子真的能够被建造出来，而富勒也只不过是个"无害的怪人"而已。

对于今天的意义：富勒提倡的这种批量生产、一天造好、即刻入住、无须劳力、所有的生活设施都批量生产并附着在内的"超轻大厦"，在住房资源紧张的今天，让人觉得十分向往。这种大厦还可以随时被飞艇送到世界的任何一个角落，是现实版本的"飞屋环游记"。

20世纪30年代，富勒又将目标转移到了汽车工业。他设计了一辆小型的特种车，车壳是铝制的，有3个轮子，后面的单轮能像方向舵般控制速度，最高时速可达190公里，它能承载12名乘客，并且可以原地旋转180°。富勒还匪夷所思地在这辆车的后部设计了一架潜水用的潜望镜，并且表示这种车型最终可以像鸟一样在空中飞翔……不幸的是，富勒生产出来的第一辆样车只行驶了3个月就发生了车祸，虽然调查结果显示这次事故的责任在另外一方，但却导致这种神奇的汽车再也无人问津。因为他的设计是如此之不同、如此之偏激，以致银行不愿意为这些项目贷款。所以dymaxion房子——一种能以低价提供给每一个人的房子，一直没能建成。而dymaxion车，一种安全、只用少量汽油的无污染的交通工具，也一直没能得到生产。

对于今天的意义："真的很难相信他在20世纪30年代就能设计出这种小型特种车，它的发动机相当于一台割草机的发动机，效率高得难以置信。而与此同时，底特律却在制造蠢笨的怪物，他们本来只需要听一下富勒的观点，就能学到有益的东西。"环境学家伊恩·麦克哈格这样说。

更让今天的人觉得弥足珍贵的是，富勒所有的设计都贯彻着"低碳"理念。他的信仰是"用较少的资源办更多的事"。"我们的资源，我们对资源的利用方式，以及我们现有的设计，只能照顾到人类的44%。然后剩下的56%的人注定要早死，而且要经历贫困的折磨……"解决这一问题的办法是进行一场设计革命，消灭那些华而不实的设计——比如传统的四平八稳的建筑。

巴克·富勒没有放弃他那种用少量材料生产更多东西的想法，他有了一种为另一种建筑设计的想法，这是一种用最少量的材料建造最有力量的建筑，它一开始看起来就有一种完美的形状。富勒的想法来自自然，它出现在有机化合物和金属的形状中。它设计的主要部分是四面锥体，建造这样一个建筑，许许多多的锥体要相互连接，每一片相互连接，成为一个八面体。通过一系列的实验，测量圆顶屋终于建成，工业家们开始认识到这种设计的价值。今天，在全世界大约有10万座大大小小不同的测量圆顶屋在使用。然而，还没有一个人在富勒关于测量圆顶屋的一种思想上有所作为。

由于建设测量圆顶屋，对尺寸没有什么限制，所以富勒建议用测量圆顶屋来盖住城市或一个地区以预防恶劣的气候。一座测量圆顶屋也许能完全控制其所覆盖下地区的环境。把这些结合在一起，这两种形状便产生了一种结实的、轻质的圆形建筑。这种建筑可以用任何材料来覆盖，而且它能在室内没有任何声支撑的情况下直立起来。富勒将这种建筑命名为"测量圆顶屋"，它比任何已经设计出的建筑都能用更少的材料覆盖更多的空间。

富勒不仅预料到了我们目前碰到的各种各样的环境窘境，甚至还想得更远——比如，如果地球的资源彻底枯竭，世界末日来临，我们应该怎么办的问题：最近，德国汉堡艺术与工艺美术博物馆正在进行一个名叫"气候胶囊"的有趣展览，富勒在1960年提出的一个想法借着这次展览重新进入人们的视野：这是一个叫作"曼哈顿穹顶"的计划。用一个"富勒球"式的大壳将曼哈顿中心区罩起来，大罩里面的城市可以建立一个完整的、自给自足的新陈代谢系统。"大罩"可以创造适合生存的气候，提供必要的生态机制，并有完整的处理垃圾污物的办法。这还是一个防御性的大罩，无论是太阳风暴，还是核弹爆炸，都可以被这个"金刚罩"挡在外面……

富勒最靠谱也最著名的发明诞生于20世纪50年代。他向美国专利局申请一项专利，将建筑的穹顶设计成圆形的。他将其命名为"网球格顶"："……评判建筑结构优劣的一个好指标，是遮盖一平方英尺地面所需要的结构的重量。在常规的墙顶设计中，这数字往往是2500公斤/平方米，但是'网球格顶'的设计却可以用约4公斤/平方米来完成这一设计。我用一块塑料皮就能造成这样一个结构。"这样的设计现在已随处可见。然而这种不需要柱、梁、拱顶等支撑物的建筑模式在当时遭到很多人的怀疑。它第一次是被运用在了美国空军位于北极圈内的一处雷达站上。很多工程师打赌这圆顶很快就会被大风吹倒，但是两年测试期满，它安然无恙。加拿大1967年蒙特利尔世界博览会的美国馆被富勒设计成了20层的高圆顶建筑，人们亲切地称其为"富勒球"。也就是从那时起，球形建筑开始在全球流行开来，一直方兴未艾。它造价低廉、建造迅速，印度的一家公司为非洲的农民制造了几百个圆形帐篷，用于当地的可持续发展农业；卡特琳娜飓风过后，灾民也都住在根据富勒的设计原理建造的临时帐篷里。

"富勒球"中蕴含的哲学理念的影响力则超越了建筑领域。富勒用六边形和少量五边形创造出的"宇宙中最有效率"的造型让三位化学家深受启发，让他们假定含有60个碳原子的簇"C60"包含有12个五边形和20个六边形，每个角上有一个碳原子，这样的碳簇球与足球的形状相同。他们称这样的新碳球C60为"巴克敏斯特富勒烯"。随后，3位化学家从这个假设入手进行论证和实验，最终凭借相关发现获得了1996年的诺贝尔化学奖。

巴克·富勒大部分发明没有为他挣来更多的钱，他所挣的大部分被用来在世界各地旅行，他向大家传送他那关于生活在这个星球的人类生活的思想，他把这个星球称之为"地球太空船"，他说，人类是地球太空船的宇航员，他们以每小时10万公里的速度围绕着太阳旅行，地球就像一个巨大的机械装置，这种装置只有在生活在地球上的人知道如何正确运行地球时才能使人类幸免于难。他还专门为此写了一本叫《地球飞船的操作手册》的书。告诫人类必须生活在地球上就像宇航员生活在太空船一样，他们必须聪明地而且可重复地使用地球所提供的一切。巴克敏斯特·富勒说：人类能够通过有计划地、聪明地使用自然资源来永远地满足人类自己的食和住。他这样的想法使人怀疑他是个外星人。

小家融大家

每种生物都在世界的某个角落里有一个自己的家，想想你的家是怎样的，它是如何存在于由各种家庭构建成的大环境之中。

材料：纸；铅笔；小的自然物体（例如：松球、蜗牛壳、羽毛）。

步骤：

1.你的家：你住在什么地方呢？画出你家的房子，并画其中的每个房间。再画一张你们住所周围的景物图，包括其他的房屋、建筑、小径、大道、树木等。最后再画出一张图，画出你一周内去过的所有地方，比如学校、购物中心、食品店、公园、运动场等，用这三幅画描述你家的位置。

2.动物的家：选择一种生活在你周围的动物，像鸟、虫子、蜗牛或鹿等，画出这种动物的住所，充分地发挥你的想象力，它的家位于什么地方？房子是用什么材料建造的？房子看起来是什么样式的？房子中贮存些什么食物？将这个小动物的家与你的家进行比较，在你们家中或附近都必须有什么？你们共同享有环境中哪些部分？

3.生活环境：大家围坐成一个圈，在正中间放一个天然物体。这个物体的周围通常能放些什么呢？紧挨着它放些什么？正下方放些什么？正上方呢？周围远处呢？描述有生命和无生命的环境（像树、空气、城市），大家轮流形容环境的一部分，但每个人的描述必须包含新的东西。这样做就是要从一个圆心出发分层次画圆，再以另一个物体为圆心，重复同样的做法。讨论哪些与第一个物体相同或层次相同。

话题：环境意识　栖息地

每当你身处自然之中，你正在别人家中做客，记住，一切植物和动物，即使最微乎其微的，在这个自然界中，也有它们的属地。

环境就是存在于我们周围的事物：不仅包括房屋、高楼这样的人工建筑，还包括各种植物、动物、它们的生活地带、我们呼吸的空气、饮用的水、行走的土地等。人们观察事物的方法决定了他们如何描述环境，比如：人们可以说他们住在曼普大街24号，也可以说他们住在加拿大，他们甚至可以说他们生活在地球这颗行星上。具有"环境意识"意味着真正去观察思考，去保护地球这个大环境，保护周围的世界，而不是将它的存在看作是理所当然的。

散步小憩

散步除了本身是一种很好的锻炼方法和保证有趣的活动外，还是一种可以真正观察领略周围环境的绝好途径。

材料：纸——任选；铅笔。

步骤：

1.辨形散步：散步时观察事物的自然形状。下列形状，各找出两个圆形、矩形、长方形、三角形、椭圆形、菱形的自然物体。

2.识色散步：列出你所看见的各种色彩或者找出带有某种色彩的物体，识别深浅色调。

3.察变散步：观察你身边正在发生的事物的变化（比如：鸟儿飞落、植物在微风中摇动、树的细枝在你经过时被碰断），哪些变化是不可以逆向发生的。

4.提问式散步：散步时，互相提问，但不必考虑问题的答案，只允许用另一个问题回答，所有的问题必须同散步有关，看你能想到多少个问题？最长的问题链（一个问题引出另一个问题）是哪个？下面是一个问题链的例子：你在那个树桩上看到什么生物了？枯腐的木头能像海绵一样吸水吗？你在树桩上看到了几种颜色？树桩看起来像什么动物呢？有兴趣的话，你们可以在散步后讨论问题的答案。

5.停——看——听式散步：每走固定几步，就停30秒，记下这30秒里你所见到或听到的事物，然后继续重复以上做法。

6.转币导向式散步：以正右、反左的方向，转动钱币，以币停以后的结果来决定开始散步的方向，看到不常见的新奇事物，停下来走近去观察，每次停顿后，都要重新转币来选择一个新方向。

7.寻树式散步：摘一片树叶，让每个人都看一看，然后他们必须在散步时找到具有同种叶片的树。

8.一厘米式散步：散步时，找出长、宽、高或同长为1厘米的东西。

9.无声散步法：别出声，轻轻地走，仔细地听，尽可能不弄出声响。看看你能听到多少种声音。

10.上下视角交换法：散步时，以一种角度观察事物——比如：从上或从下。再一次散步时，变换视角。

11.A、B、C散步法：找出一些生物或非生物，使它们名字的首字母分别是26个字母之一。如果以某些字母开头的物体实在不好找，也可以用以这个字母开头的形容词来描述这个物体。

12.后退式散步：转身朝你原来面对的方向走。

话题：环境意识　感官

你知道环境的基本组成部分吗？环境是由无机、有机、文化三部分构成的。其中有生命或曾经有过生命的部分构成有机环境（这个词源于希腊语，意为：生命）。那些无生命或从未有过生命的部分（像阳光、水、矿物质）构成无机环境（前缀"a"源于希腊语，意为：不是）。人类创造的部分或那些被人类改变最初形态的部分构成文化环境（这个词的意思是人类所想、所做、所说、所制造的一切事物）。

面面俱到

环境是由许多部分构成的，使用以下方法接近你周围环境中的某些部分。

材料：望远镜——任选。

步骤：

1.给景物加框：给一部分环境加框，将手指轻轻并拢，握成筒状，仿佛望远镜一样，用一只眼从望远镜中望过去。注视一片叶子、一片花瓣或一块岩石，这些东西同它们往常看起来有什么不同？用两手的食指和拇指拼成一个正方形框架，把一块土地、一截树桩或树木收入这

做几首描写环境的诗歌，诗中至少要包含十种可以在你的周围立即看到的颜色和五种可以听到的声音，描写你在什么地方见到或听到这些与你相关的颜色或声音，最后一首诗行数不限，但每行必须描写一种颜色或声音，并且写出与作者相关的位置。（比如：碧蓝的河水在我们面前延伸，高远的天上飘着几朵白云，一只鸟儿在我附近的一棵树上叽叽喳喳地叫着。）

个框内。现在把这个框架挪到你眼前，晃动你的手，扫过这些景物。假若你是一名画家或摄影师，你会画或拍摄什么样的景象呢？

2.拉近及拉长：开始先观察近处的事物，再慢慢扩大你的视野。闭上一只眼睛，将其余眼光集中到鼻尖上，然后睁开眼，将视线转移到你前方大约半米处的物体上，现在将你的视线依次集中到距你分别为1米、10米、30米、60米处的物体上，直到你直视地平线，浏览这些物体，不停地在整个画面之间来回扫视。要有条不紊地做这些活动。然后依照以上顺序，将视线收回到鼻尖上，你也可以用望远镜做这个实验。

3.归类：找些给事物分类的方法。首先找一个景色优美、环境舒适的地方。注意周围的光线情况，观察阴影、质地和色彩。哪些物体可以归为一类？如果你看到这些物体是如何紧密地连接在一起，你能辨出一些方形、圆形或其他的一些形状吗？以共同特点为标准，给物品归类，你能用多少种方法给物体归类呢？

▌▌▌ 话题：环境意识

当我们环视四周时，看到的环境是一幅风景画。但其他时候，我们看到的只是环境中的一小部分，如：一朵花，一棵树或天上的云形成的各种图案。这一小部分同整个环境相比，一样有趣，甚至更有趣，对局部环境的观察有助于我们了解它们是如何搭配，共同构成这幅环境的巨幅图画的。

角度决定视野

世界是一个包含着许多小环境的大环境，根据以下做法找出观察自然界的各种方法。

材料：小自然物（如：松球、蜗牛壳、羽毛）；小镜子。

步骤：

1.你认为最小的环境是什么？最大的呢？最暗的？最高的？最嘈杂的？最潮湿的？可以从许多角度观察一个环境吗？

2.不同的观察方法：大家传递一个自然物。这个东西传到任何人手中时，他／她都必须用一两句话来描述它，并且每个人的描述都不能与前一个人重复，一些人可以从不同的视角来形容它，一些人可以谈论它的颜色、形状、气味、质地或发出的声音，另外一些人则可以描述这个物体在世界上的作用，以及如果它有感觉的话，它的感觉是什么？

3.不同的视角：每个人都以不同位置或不同角度面对一些自然物体（如树、树桩、巨石），站着、坐着或躺着，然后他们必须从对他们有利的角度对物体的外形加以描述。从不同的侧面看，这个物体的外形分别是怎样的？平视时什么样？俯视时怎样？远观呢？近瞅呢？大家应该不断变换位置，从尽可能多的角度观察。

4.镜面形象：手持一面镜子，放到齐腰的位置，观察周围的事物，你在镜中看到了些什么？你一次能从镜中看到多少东西？它们看起来同平时有区别吗？有什么区别？为什么？

5.蚁眼视角：仰卧在茂密的草丛中或周围环绕着各种植物的地方，闭上双眼，设想你的手指是一只在地面上爬行的蚂蚁，使手指触摸地面，伸出胳膊，用两手探路。现在睁开双眼，仰视正俯视你的人们。把头扭向一边，沿着地面从草丛中望出去，你发现蚂蚁生活的环境同我们的生活环境有何不同了吗？

话题：环境意识　决策

环境就是围绕着其他事物的东西，池塘里的一滴水就是构成世界这个大环境的一个小环境，其他小环境还有像一只花瓶、一棵树、一个市区、一个营地、一条河流、一个国家等。在任何指定的时间内，你对环境定义的诠释是由你的观察角度、态度、兴趣和需求决定的，不同的人们对环境持不同的看法，这是造成污染的一个原因，如：污染者们可能不担心河流的污染，因为他们饮用的水不取自这条河流，因此他们不把河流看作自己生活环境的一部分。或许解决环境问题的方法之一就是应该鼓励人们尽可能从多种角度看世界。

迷你小径

大自然无穷无尽的小径是很有趣的，因为沿途我们能看到那么多有意思的事物。下面自己设计一条微型小径，对一个小环境进行观察。

材料：几根1—2米长的细绳；放大镜——任选。

步骤：

1.每人准备一根细绳，有条件的话，准备几个放大镜。放大镜将有助于开辟微型路径，因为放大镜下的事物更大，给人的印象更深刻。

2.每人用10分钟的时间建立一条微型路径，用细绳标出。沿这条小径你能看到哪些生物？你怎么判断它们是有生命的？你看到什么植物、

伍德巴佛罗国家公园位于加拿大西北部，是世界上最大的国家公园。占地面积44 804平方公里。世界上最高的潮汐出现在加拿大新布朗斯维克的国家公园。位于尼泊尔和中国边界的珠穆朗玛峰，海拔8 848米，是世界上最高的山峰。位于非洲的尼罗河，全长6 671公里，是世界上最长的河流。面积为2 175 600平方公里的格陵兰岛是世界上最大的岛屿。

虫子了吗？看到了多少？沿途有什么非生物？你怎么知道它们是无生命的？你发现形状有趣的岩石或土块了吗？根据不同对象标出路径。（如花的颜色，不同的质地，昆虫的洞穴）

3.当规定的时间到了，每个人依次带领大家参观他（她）创立的路径，指出沿途有哪些特色。

话题：环境意识　生态系统

一些小生物或非生物实际具有的作用比我们想象的要重要得多，生命的形态是如此之繁杂，以至于人们无法全部知道每种生命是如何生存的，以及它们的重要性。各种生命相互联系，处于一个相互平衡的"生态系统"中；各种生命体与非生命体之间相互联系，构成了生态系统。生态系统内部的各部分之间的关系交织得非常紧密，一旦一种关系遭到破坏，整个生态系统就会有失去平衡的危险。一切生命都存在于一个由空气、水、土壤构成的生物圈内，生物圈是维持地球上生命的体系或母生态系统。

小环境大问题

有些动物的形体非常小，它们所了解的生活空间仅限于周围几厘米以内的范围。观察几个小动物的生活环境。

材料：无。

步骤：

1.岩石下的生命：选一块岩石，大小不限。小心地把它翻开，在你掀起它时，有没有惊慌乱窜的小生物爬出？它们爬向哪里？你在地上或土壤里发现其他生物了吗？岩石上长着哪类植物？有根扎在石下，枝干长于石旁的植物吗？岩石下的土壤是什么样的？岩石挨地的一面是什么样子的？为什么？岩石表面上有生命体吗？观察完岩石的底部后，将它按照原来的样子放回去。

2.朽木中的生命：找一根腐烂的木头，进行仔细观察。在木头上寻找真菌和苔藓。你也许还能在一些腐烂处发现几株树苗和野花。枯木里面有生命吗？你也许会在木头表面发现一些昆虫，但大多数昆虫是生活在木头里面的。寻找昆虫活动的迹象，比如昆虫洞穴、啄木鸟啄开的洞或动物的脚印。剥下一片松动的树皮，用一根细棍在腐朽处拨弄，很可能你会发现各式各样的隧道和通道。观察木头上每一腐烂处腐朽的程度，有些地方可能一触即碎，其余处则可能依然很牢固，查看木头底部已变成土壤处，你能在其中掘到蚯蚓吗？观察完毕，将木头放回原处。

是什么使有些事物好，有些坏？有些快乐，有些悲哀呢？找一个快乐的事物，例如一朵色彩绚丽的花儿；找一个悲伤的事物，例如：一株日渐枯萎的植株。想一种办法，能使悲哀的事物变得快乐，就像给一株因干旱而濒临死亡的植物浇水一样。

话题：栖息地　昆虫

在一块岩石下面可能正发生着各种各样的事情，正在腐烂的木头不久将会消失。观察地点和观察时令将决定你能在岩石下或朽木中见到哪些生命体。而树的类别及已经腐朽的时间长短将决定在其中生活的生命体的种类。通常可以在岩石下或朽木中发现这样一些小生命：蚂蚁、千足虫、蜈蚣、蛞蝓、毛毛虫、蜘蛛、各类甲虫及屎壳郎；朽木中还可以见到大一些的动物如老鼠、花栗鼠、野兔和蛇等，小点儿的哺乳动物经常将家安在木头上的洞中。

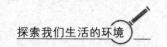

迷雾探踪

做一棵树的感觉是什么样的呢？幼小的动物有什么感觉？假设你是环境中的一部分，体会一下它们的生活。

材料：无。

步骤：

1.自然物体：选一株植物、一块岩石或其他自然物体。假设你就是它，模仿这个物体的运动，表现出它可能有的感觉。先从容易模仿的事物（叶子、树等）开始，逐渐过渡到较难模仿的事物（雪崩、瀑布等），人们能猜出你模仿的是什么吗？

2.幼小的动物：表演一个幼小的动物（如松鼠、鸟、浣熊）的故事，但不能借助任何语言，表现这个小动物是怎样通过它的感觉器官，第一次发现了这个世界。过一会儿，让其他人试着猜猜你在扮演哪一种动物？

3.展示集体：设想一件当时正发生在你周围的事情，不用语言，表演出这些事件（比如：一棵树正在风中摇摆，一只鸟正在筑巢，一只昆虫正在花上爬）。其他人不仅要猜出这件事，还必须找出自然环境中发生的真事。

话题：环境意识　交流

猜测别人表演的内容，是一个很古老的游戏，这种游戏便于大家都参与。为了演好这个角色，表演者应该具有一定的环境意识，而围观的人为了猜出谜底，还必须注意表演的细节及方式。

有些生物比其他生物占据的空间大，就像人类比蚂蚁大得多。

有些生物比其他生物消耗的资源多，就像人所需的食物比蚂蚁的需要量大得多一样。

人制造的垃圾量亦远远超过蚂蚁，而与环境不相适应的人口规模，又常常是造成环境问题的原因。

人类能与玩具熊、地毯亲密相处，却为什么不能接受一棵树呢？

培植一棵树，每天对它进行问候，浇灌它、抚摸它、嗅着它的气味与它高谈树上长了多少叶子？

叶子看起来是什么样子的？

树上生活着什么生物？

是什么使这树如此特别？

复杂运动

复杂的活动

植物可以作为空气污染状况的指示器。如果暴露于含量过高的氧化物中，烟草、牵牛花和菠菜等植物就会出现黑色的小圆点或较大的白色斑点，而且叶子底部的表面上也会变得发亮。如果长时间地暴露于二氧化硫的污染当中，苜蓿、西红柿、黄瓜和胡萝卜的叶子都会变黄。如果受到高浓度二氧化硫的污染，它们的叶子会变得像被水泡了一样蔫倒。"环保"是指明智地利用自然资源，或者说是不把资源全部用光。

"世界环保战略"认为我们只有保护有生资源——我们赖以生存并通过保护使之平衡发展的植物和动物——我们才能维持现在的生活方式。

为什么不用"害虫"来代替杀虫剂呢？为了保护庄稼，农民常常使用杀虫剂（能够杀死吃庄稼的昆虫的毒药）和除草剂（杀死野草的毒药）。但是杀虫剂和除草剂同样会直接地或间接地伤害其他生物，它们也可能流进我们的水源中，控制庄稼健康成长的另一种方法是找到一种天生的食肉动物，请他们进餐，这种办法曾被应用于澳大利亚的一种多刺仙人掌上。巨大数量的仙人掌曾一度成为澳大利亚的一个问题。后来，经过精心研究，引进了一种幼虫以仙人掌为食的飞蛾，从而使仙人掌的数量得到了控制。

白色的小水牛夫人和神圣的烟斗

曾经有一段时间，部落里人们的食物所剩无几，每个人都面临着饥饿的困扰。这时，两个身强力壮的年轻人被派出去寻找猎物，他们是徒步行走的。因为那时，马和神犬还是没有被赐予人们呢。这两位年轻人搜寻了很久却一无所获。最后他们爬到了山顶，向西方张望。

"那是什么?"一个年轻人说。

"我不知道，但它正朝我们这个方向来。"另一个人说。

哦，是的。起初他们认为那是一只动物，但是当那个影像渐近时，他们发现是一位夫人。这位夫人身着白色的水牛皮，手中拿着一些东西。她行走时是那样轻飘，以至于根本不像是在走路，而像是飘过来的一样。

这时，第一个年轻人意识到她一定是一位圣人，于是他的脑海中充满了美好的想法。然而，第二个人却不是这样认为的，他只是把她看作一位貌似天仙的少妇，心中起了邪念。这时，这位少妇已经走得很近了。于是，第二个年轻人伸出手去抓她。不过，他刚刚伸手，天边就响起一声霹雳。接着，这个年轻人就被一层浮云所覆盖。当浮云渐渐消散时，地上只剩下那第二个年轻人的尸骨了。

这时，白色的小水牛夫人说："回到你们的营地去。"她一边说，一边举起手中的一个包裹，以便让第一个年轻人看到。"告诉你们那儿的人我带来了一件好东西。我给你们的民族带来了一件圣物，一条来自水牛民族的信息。为我建一所药屋并把它安置好。4天后我便会来的。"

第一个年轻人照办了。他回去把这个消息告诉了那里的人们。于是传令员走遍全营地，告诉所有的人一件圣物即将到来，在它到来之前所有的东西都要安排好。他们建起了一所药屋并且用土搭了一个面向西方的神坛。

4天过去了，这时人们发现有一个物体朝他们的方向移动。当那个物体渐近时，他们发现那就是白色的小水牛夫人。她手中拿着一个包裹和一束神草。人们把她迎进药屋并请她上坐。小水牛夫人打开包裹把里面的东西给大家看，那是一支神圣的烟斗。她一边拿出烟斗一边向大家解释它的含义。

白色的小水牛夫人向大家展示完烟斗，又告诉了人们如何来保存烟斗以及如何用它祭献天地及东、南、西、北4个方向。她还告诉了人们许多需要记的东西。

"这支神圣的烟斗"，白色的小水牛夫人说："会为你们指出一条生命之路。跟着它，它会将你们带到一个正确的方向去的。""现在"，她说："我要走了，但是你们还会再见到我的。"

白色的小水牛夫人开始向落日的方向走去，人们默默地注视着她，人们看到她停下并在地上翻滚了一圈。当她站起来时，她变成了一只黑色的水牛。接着她走远了，又在地上翻滚了一圈。这次，当她站起身时，她变成了一只棕色的水牛。她继续向远处移动，又翻滚了一次然后站起来。这时人们看到的是一只红色的水牛。白色的小水牛夫人又一次向远方走去并且第4次也是最后一次翻滚。这一次她变成了白色的小水牛。她继续向前走直至消失在地平线上。

　　白色的小水牛夫人一消失，这个部落的周围就出现了成群的水牛。这样，人们就可以以猎取水牛为生了。于是人们手举烟斗，共同感谢他们所得到的恩赐。从那以后，只要人们遵循神圣的烟斗上的生命之路，并且记得白色的小水牛夫人教给他们的所有事情与烟斗上各部分的对应关系，他们就会生活得非常快乐、幸福。

名人物语

　　"我们作为乘客，共同在一艘小宇宙飞船上——地球宇宙飞船上旅行，我们要依赖它那微弱的空气和土壤储备；我们的安全要仰仗它的安全和宁静；我们只有关心、维护和热爱这个脆弱的飞船，才能避免自身的灭绝。"

——阿德莱·史蒂文森

名人堂
阿德莱·史蒂文森（Adlai Stevenson）

　　阿德莱·史蒂文森，美国政治家，以其辩论技巧闻名，被誉为当时仅次于温斯顿·丘吉尔的天才，曾于1952年和1956年两次代表美国民主党参选美国总统，但皆败给艾森豪威尔。后被任命为美国驻联合国大使，在古巴导弹危机中，发挥了重要作用。他从来没有当上总统，却被他的支持者称为"美国从来没有过的最好的总统。"

阿德莱·尤因·史蒂文森二世是刘易斯·史蒂文斯金和海伦·史蒂文森的儿子，他的父亲是一家报社的董事并且是民主党员，他的同名祖父是格罗弗·克利夫兰执政时期的副总统，并在1900年威廉·詹宁斯·布赖恩代表民主党竞选总统时再次被提名为副总统候选人。

史蒂文森二世早年在伊利诺伊州布卢明顿渡过青少年时光，后毕业于普林斯顿大学和哈佛法学院。后来为家族主编的报纸《导报》工作，在这期间，他还获得西北大学法学院的学位。

1926年12月1日，史蒂文森与艾伦·博登结婚，他们夫妻婚后移居芝加哥，他们很快有了3个儿子。史蒂文森在芝加哥当律师，并在当地政坛很活跃，33岁开始从政，在农业调整署谋得一个职位，他是一位很有修养和才智的人。因拥护富兰克林·罗斯福的"新政"而被民主党人士所赏识。不久，他回到芝加哥，担任外交关系委员会主席，因此声明远洋。1941年他进入海军部长弗兰克·诺克斯的参谋部，积极与国会联系并参加海外的特殊活动，战后，他接受了最重要的一项活动，以国务卿的特别助理的身份参加了联合国的创建工作，并于1946年担任第一个美国代表团高级顾问。

史蒂文森在1948年被推举竞选伊利产州州长，他清新的作风，聪明的才智和承诺使他获得压倒优势的胜利，成为内战以来第三任当选为伊州州长的民主党人，他努力、高效的从事州长的工作，以增强他的名声。1949年他离婚了，当时他和好莱坞著名影星琼·芳登感情很好，却没办法结合在一起，因为他无法向选民交代他怎能和一个女演员在一起。

1952年史蒂文森本来不同意被提名为总统候选人，因为获胜的希望太小。在哈里·杜鲁门的极力推荐并答应全力支持的前提下他才勉强接受下来。1952年7月，史蒂文森在参加芝加哥州民主党代表大会的欢迎词中，对共和党进行的颇有文采的攻击，在与会者中间产生了轰动效应。他说："缺乏理想的夸夸其谈统治了这里的气氛几乎一星期之久了——我们的朋友没有耐心，情绪不佳，而且，我还要再加一句：上不了台。"虽然他激起了公众的极大热情，但他的竞争对手是战争英雄艾森豪威尔。艾森豪威尔承诺，如果当选，他将："奔赴朝鲜，"虽然他去朝鲜几乎起步了多大作用，但是具有极大的象征意义。许多人认为，艾森豪威尔这个承诺是史蒂文森当年11月败北的唯一重要因素。他在选举后的演讲中，引用亚伯拉罕·林肯关于碰痛脚趾的男孩的话说："他已经太大了，不能哭，但是疼得那么厉害又笑不出来。"

但是史蒂文森依然被许多自由主义者看作英雄，他们认为他是一位敢于挑战、输得优雅的候选人。这次失败也没有影响他在民主党内的地位，他进行了全球访问，获得了如潮的好评，在国内，他勇敢的反对共和党参议员，煽动家约瑟夫·麦卡锡的鲁莽攻击，虽然当时许多人都保持沉默。

1956年他再次被提名为民主党总统候选人，再次挑战艾森豪威尔，虽然这次民主党在众议院赢得多数席位，但他却再次败北。1960年他又一次出现在民主党大会上的时候，触发了一场自发的欢迎游行，但民主党总统候选人给了约翰·肯尼迪。

约翰·肯尼迪以微弱的优势击败理查德·尼克松后当选，史蒂文森希望被任命为国务卿，但最后却被任命为美国驻联合国大使，在这个职位上，他的机智、成熟和聪慧赢得了各国代表的赞赏，在1962年

10月爆发的古巴导弹危机中，他表现出鉴定的意志力，他出示了苏联在古巴集结军事力量的图片证据之后，要求苏联代表团给予答复，并坚定地说："我准备等候这个答复直到地域结冰。"最后，苏联从古巴撤出了导弹，史蒂文森的声誉和才干日益增长，但他的健康状况却每况愈下，1965年7月14日，正当他企图穿过伦敦时，因心脏病发作倒地身亡。

名人物语

"如果我们像现在这样继续破坏下去的话，下个世纪我们将把过去二千年诗人所歌颂的一切都毁灭掉。"

——弗雷德·博兹沃斯

名人堂
弗雷德·博兹沃斯（Fred Bodsworth）

在加拿大动物文学史上，弗雷德·博兹沃斯是继查尔斯·乔治·道格拉斯·罗伯茨和法利·莫厄特等巨擘之后最杰出的现实主义动物文学作家。

弗雷德·博兹沃斯，1918年出生在加拿大的伯韦尔港——伊利湖畔一个小小的渔村里，父亲是港口仓库保管员。到了上大学的年龄，由于家境寒苦，缴不起上大学的费用，于是他选择了就业，白天是《麦克林》杂志的受雇记者，夜里则自我策励，创作小说。他先后出版了《陌生的声音》（1959）、《阿什利·莫登的赎罪》（1964）、《麻雀之秋》（1967）、《太平洋海岸》（1970）等著作。在6部广受好评的小说中，1955年初版的《最后的极北杓鹬》既是奠定他名望的处女篇，也是标志他迈入加拿大现实主义动物文学经典作家行列的一座丰碑。1972年，该作品被改编成电影在北美上映。

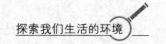

多米诺效应

你从来都不能只做一件事情。外部环境中的各个部分之间是互相联系的。这里有一个拼字游戏，在这个游戏里，找出一个词就可以找到另外一个词。

一天，一个人意识到如果在土壤中放进一些种子，就会长出植物。有了这个发现，人们不必再依赖野生麦子为生；他们可以在任何他们想要种麦子的地方种下种子。这样，很少的人可以为许多人生产足够的食物。于是人们在一个地方定居下来。在这个地方，以前还没有人停留足够长的时间，以至于污染它。现在，重新定居在这里的人们开始对他们周围的环境产生影响了，为了给许多人生产食物，农民们不得不克服许多困难——恶劣的天气、昆虫的危害以及土壤的流失。在克服这些困难的同时，农业产生了它自己的环境问题，例如：杀虫剂的污染。

材料：一份在下一页上的拼字游戏；铅笔。

步骤：

1.这种猜字游戏是一种连锁反应。每个字的第一个字母与在它前面一个字的最后一个字母相同。找出第一个字，下面的字就会互相联系。当你找出一个字时，用一条线划过这些字母。

2.一旦你找到所有的字后，剩余的字母就可以组成一首诗。把剩余的字母按照它们最初被写的顺序，填到这页纸的末端的空格内。当完成这首诗的时候，所有剩余的字母就会都用光。

3.你觉得这首关于环境的诗怎样？

话题：生态系统　污染

解决环境问题，由于环境的复杂性而变得很困难，且环境的各个部分，以直接或间接的关系相互关联。驾车这一行为看上去简单可足以说明这个问题。你进到车子里，用钥匙发动车子，去你想去的地方。但是接下来的连锁反应是，把汽油转化成机械动力，使车驱动，同时也释放出了污染物质。这些污染物质在大气中引起另一个连锁反应，其结果是伴随着其他东西的酸雨的降临。

环保单词连连看

T H E T R A S H R E S L E

B I R T T E E R L A L S L

U I L O V A E A A R I A E

D N D S T M R O W O G I C

N T H R E U A L N I R I T

T W E I T L I I L G E T R

E E V A D T E O N W O R I

S U N U T E S S D U O L C

E I M E F W E E D O N T S

T P R E U S E W A R T T O

C A O R E W E A O M U S T

R E C L Y C L E R L O U R

R E W O L F A E L S L G A

R I B A E U G E L A T E N

M D V A L C T L E E A E Y

R A R E O N U E M G R I M

A T N P R O U G S A R G E

灰尘(DIRT)

垃圾(TRASH)

热(HEAT)

树木(TREES)

太阳(SUN)

天然的(NATURAl)

草地(LAWN)

噪音(NOISE)

电的(ELECTRIC)

云(CLOUDS)

土壤(SOIL)

垃圾(LITTER)

重复利用(REUSE)

穗(EARS)

茎(STEM)

我的(MY)

黄色的(YELLOW)

野草(WEED)

垃圾堆(DUMP)

污染(POLLUTES)

气味(SMELL)

叶子(LEAF)

花(FLOWER)

河(RIVER)

H R O M U N D O R B S A T

N D R E A P L M A E C E A

U N N E E D D S E G E D L

L S E D O R E N E A O N S

U P D N O E I I S B E S W

W I I T D U S T H R O Q E

W I I T D U S T H R O Q E

N L I T T E R B U G D S P

作用（ROLE）
泥土（EARTH）
损害（HARM）
人造的（MANMADE）
腐蚀（ERODES）
溅洒（SPILL）
乱丢垃圾的人（LITTERBUG）
垃圾袋（GARBACE BAC）
严厉的（CRIM）
金属（METALS）
扫除（SWEEP）
探测器（PROBES）
种子（SEED）
灰尘（DUST）
锡（TINS）
烟雾（SMOC）
绿色的（CREEN）

畅想在生态环境中

生物通常各自做具体工作，这些工作彼此互相联系，下面试着玩一个快速进行的捉人游戏，展示一下生物之间的相互联系。

材料：能抛掷的物体（例如：球、飞盘、纸团）1标签或有颜色的衬衫；粉笔；大盒子——任选。

步骤：

1.把人分成3组：分解者、消费者（大约是分解者的两倍）、生产者（大约是消费者的两倍），每组应该可以很容易被辨别出来（例如：使用标签）。

2.制定一个大的游戏场地的范围，参加游戏的人必须待在这个场地里，使用例如球之类的物体代表非生命部分，物体的数量与生产者数量相同，在这个游戏场地范围内，把物体放成2堆或3堆，你也许想把物体一起放在纸盒里。

3.这个游戏包括对生产者来说一系列最基础的非生命构成成分，生产者被消费者吃掉，分解者又把消费者破坏掉，把非生命成分归还给环境，总的想法是维持生态系统而每一组要完成此目标。

4.生产者是唯一可以从物体堆里取走物体的人，有一堆物体周围划出一个安全区（用粉笔做标记），以防止多一个生产者正在拾一个物体时被其他人捉到。

生产者的目的是从安全区取走所有物体（或尽可能多的物体），并抓住其不放。

5.消费者用双手抓住拿着物体的生产者，就可以从生产者手中把物体拿走，消费者的目标是尽可能多地从生产者手中拿走物体并保存这些物体。

6.分解者只有用双手抓住拿着物体的消费者，才能从他那里得到这个物体，当分解者得到一个物体时，他们要把它送回到安全区，分解者的目标是把所有物体（或尽可能多的物体）送回安全区。

7.游戏参与者一次只能拿一个物体，如果参加游戏的人被捉到，他们必须放弃手中正拿的物体，参赛者可以把物体抛给或传给他们自己组的成员。

8.游戏开始时，生产者先跑向游戏区，收集物体，在生产者进入游戏区后再允许消费者进入游戏区，分解者最后进入，游戏可以依据情况适当变动。持续进行下去（生产者不断拿走球，分解者不断归还这些球），如果当游戏进行得不顺利时，可以调整游戏中使用物体的数量，或者是每组成员的数量。

9.这三个组是如何互相依赖的，每一组是如何为生态系统的持续运行做出贡献的（即非生命组成成分被再利用、使各组都有食物）分解者被取走，这个生态系统能够继续发挥作用吗？

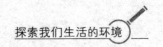

话题：生态系统　植物生长过程　微生物

　　所有生命都在被称为生态系统的微妙平衡中，互相联系，生物通常做三种不同工作中的一种维持生态系统，生物通常是生产者，消费者或分解者。

　　绿色植物是生产者，它们利用太阳能，从非生物成分中生产它们自己的食物。这一过程被称为光合作用，绿色植物为其他生物提供食物和氧气，消费者是吃其他生物的生物，某些消费者吃生产者，它们是食草性动物，意思是吃植物者，一些消费者吃掉另外一些消费者，它们是食肉性动物，即吃肉者。分解者把枯死的植物与动物分解成非生命元素，分解者是循环者，非生命元素重返土壤，水、空气以重新再利用，分解者包括细菌真菌、蚯蚓以及蜗牛。

　　值得注意的是，分解者也可能是消费者（蜗牛也可吃植物）。

谁吃谁真没准儿

动物以植物及其他动物为生，自己制作一个活动食物链，表明谁要吃什么或吃谁。

材料：带颜色的建筑用纸；有色纱线；蜡笔或用毛毡制成钢笔；剪刀；胶带或胶水。

步骤：

1.准备一个有关植物或植物组成部分的名单，食草性动物，以食草性动物为生的食肉动物，以及食肉动物为生的食肉动物，你能够利用这个表列出几个食物链。

2.讨论这个名单，哪种动物吃植物？哪种动物吃其他动物？能够形成一个什么样的食物链？

3.把建筑用纸剪成两半，再把纸对折。

4.把植物名、食草性动物以及

北美凶猛的灰熊、大猩猩、獾、浣熊，是杂食性动物。

它们既吃植物，也吃动物，秃鹫与大兀鹰是清道夫，它们吃已腐烂的死动物。

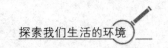

食肉性动物的名字写在折叠的建筑用纸的两面，每张纸上写一个名字。也可以画上图画。

5.把这些纸片组合成食物链，在每一个食物链的底层，应该有一种植物，在最顶端是食肉性动物。

6.剪下相同长度的纱线，在食物链的各部分之间放上一根线。在各食物链分支的顶端放一根线。

7.用胶带或胶水把折叠的建筑用纸的两面粘在一起，确保纱线的两端夹在纸的中间（一端从上面，另一端从下面）。

8.把活动的食物链悬挂起来，如果在食物链中的一种动物消失的话，其他动物会如何？

▌ 话题：生态系统　动物的特征

一个食物链由一连串以植物或其他动物为生的动物构成，一种动物吃一种植物，这种动物被另一种动物吃掉，还有另外一种动物再把另一种动物吃掉，如此等等。动物的分类是以他们在食物链中的位置为基础（即他们吃什么），食草性动物（吃植物）接近食物链的底层，他们可以是非常小或非常大的动物，大多数人认为以草为生的牛是食草性动物的主要代表，但实际上以吸食植物的汁液或咀嚼植物为生的昆虫，吃掉了大多数植物，一些食肉性动物（吃肉的动物），以食草性动物为生。这种食肉性动物的代表有吃蚜虫的瓢虫，吃老鼠的郊狼，以昆虫为食的鸟类，及以羚羊为食的狮子，一些食肉动物吃其他的食肉动物，它们形体更大，更加凶猛并且数量（在每一种动物物种范围内）要比以食草性动物为食的食肉动物少得多。

　　一种特殊的食物链可能从食叶的甲虫开始，然后甲虫走进陷阱成为蜘蛛的晚餐，蜘蛛又会被一只小鸟吞食，接着鸟会被猫抓到，猫是这个食物链的最后一环。许多食物链只有3个或4个环节，极少超过5个或6个环节（主要是因为在从一个环节到另一个环节中，食物所含的大量能量会消失）。

生态之网

食物链通常有许多分支，这些分支共同组合形成一个食物网。通过字面意思，在下面这个织网练习中，可以很容易建立起许多个食物网。

材料：一大团线；蓝绿红标签；胶带或大头针（用来连接标签）；剪刀。

步骤：

1.在蓝色标签上写上生态系统法则。在卡片上分别写上阳光，空气，水，土壤。在绿色标签上写上植物的各个组成部分。每一张标签分别写上种子，萌芽，叶子，细枝，树皮，坚果，花朵，浆果。在红色标签上写上消费者的名字，分别写上昆虫，蜂鸟，知更鸟，老鼠，鹿，松鼠，花鼠，兔子，浣熊，黄鼠狼，鹰，猫头鹰，郊狼，啄木鸟，狐狸，狼。

2.每个人别一张标签。如果人比标签多，可以有相同的标签。大家坐成一个圆圈，把各种颜色的标签混在一起。

3.首先，用一段细绳把生态系统法则与植物各个部分连接在一起。

4.把食草动物与植物各个组成部分连接在一起，然后连接食草动物与他们所要直接使用的自然资源。例如：兔子首先与叶子相连，然后与水相连。

5.哪种食肉动物吃哪种食草动物？不要忘记连接食肉动物所需的自然资源。例如：狐狸与兔子相连，也与空气相连。

6.尽可能多地找到其他的联系。每个人手里要握几条线。讨论一下每种联系意味着什么，还可以讨论一下相互依赖性。

7.如果一场大火毁灭了所有的植物，会发生什么情况呢？（植物标签从线上落下来）食草动物将要忍受饥饿，接着引起食肉动物面临饥饿。这样食物网将受到破坏。如果水被严重污染，又会发生什么情况？

8.食物网中哪一个组成部分看上去最不重要？移走这部分。继续拿走看上去不需要的组成成分以及由于其他一些部分被拿走而引起另一些不能生存下去的部分。当食物变得简单一些后，会发生什么？当食物网的组成部分变得更少时，会发生巨大变化吗？

话题：生态系统

大多数动物有两三个食物来源。因此，食物链并不是真正地十分明显，而是互相联系形成一个食物网。一个比较大的生态网包含一个有限的生态系统：阳光（来自太阳），空气，水，土壤。腐蚀分解最终完成生态网的循环。生态网表明的是构成生态系统基础的薄弱联系。无论联系看上去有多远，所有生物都是有联系的。

纸条魔术变变变

有些事物，比如故事，有开头，有结尾。而有些事物，如季节，却无所谓结束与否，只是经过了一系列的变化后，再返回来从头开始。下面就通过莫巴斯纸条游戏来研究一下自然界的各种循环现象。

材料： 剪刀；信纸大小的纸张；胶带；铅笔。

步骤：

1.沿纸较长的一边，裁下两条宽约为2.5厘米的纸条。把两张纸条粘在一起，变成一个长纸条。做4个这样的长纸条。

2.4个纸条代表4个自然界的循环过程，按照下面的内容，在纸条的两面分别写上A、B面上的内容。两面的内容要从纸条的同一端写起，但两面的字迹要正好颠倒过来。每一面的字与字之间的距离要相等，第一个字与最后一个字不要顶着纸条的末端，要留出点空白处。

水循环：

A—湖泊，河流；太阳照射水受热；水蒸发。

B—水汽凝结；形成云；水以雨的形式降回地面。

气体循环：

A—植物吸收二氧化碳；植物向空气中释放氧气。

B—人和动物吸入氧气；人和动物呼出二氧化碳。

碳循环：

A—生物死亡；分解物向大气中排放碳。

B—植物吸入二氧化碳，植物形成碳水化合物，植物被动物吃掉。

氮循环：

A—细菌从大气中摄入氮；氮进入土壤中；土壤中的氮被植物摄入。

B—植物被动物吃掉；氮通过排泄物及尸体返回到土壤中；氮通过细菌作用返回到大气中。

3.下面开始做莫巴斯纸条：如图所示，把纸条扭转180度，将A、B处粘在一起。

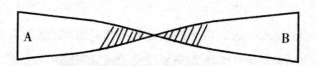

4.找到循环的第一个字，注上"X"标记，以下字与字之间依次用箭头连接上，直至整个循环结束。莫巴斯纸条没有开头，也没有结尾，就像自然界的循环，一步一步永不停止地重复一样。

5.莫巴斯小魔术：沿着莫巴斯纸条的中线，将纸条剪开，就会得到一个大的纸圈。这代表着自然界中的每一种循环，都是更广阔的世界生态系统中的一部分。

6.莫巴斯小魔术之二：这回不再把纸条扭转180度，而是扭转360度，然后把两端粘在一起。然后沿着纸条中线剪开，这回得到的是两个套在一起的圈。这意味着，自然界中的每一种循环，都是和自然循环相互联系着的。再用同样方法分别把两个圈剪开，就会得到4个互相套着的圈。试着将纸条转到不同程度，剪开，看看会得到什么结果。

话题：生态系统　大气　植物分类　微生物

1858年，一位名叫奥古斯特费迪南德·莫巴斯的德国数学家，发现一种纸圈有个非常令人惊讶的特性：它只有一个面。莫巴斯可以用来展示非生命成分是如何进行循环的，以及它们在自然界中是如何被反复利用的。

水循环：江河湖海中的水受到太阳照射蒸发进入大气；水蒸气凝结，在大气中形成极小的小水滴，随后形成云；水滴大到一定程度，就以雨的形式降回到地面。

气体循环：植物吸入二氧化碳，并将氧气释放回大气中；人和动物吸入氧气，呼出二氧化碳。

碳元素循环：生物体死后，含碳化合物仍留在体内；经微生物分解后，碳元素以二氧化碳的形式进入大气；二氧化碳被植物吸入后，形成碳水化合物；动物将植物吃掉后，碳元素便以某一种形式又返到生物体中了。

氮元素循环：固氮菌从大气中摄入氮元素后，使其进入土壤，土壤中的氮元素被植物摄入；植物被动物吃掉；通过有机肥料和动物尸体的形式，氮元素又回到土壤中，经过细菌作用，氮元素返回到大气中。

做勇敢的生存者

这个游戏规模较大，可能得进行一个小时甚至更长时间。在游戏中，由人扮演的各种动物会遇到来自自然界的各种挑战，并要设法生存下去。

材料： 大约10 000平方米（2—3公顷）左右的自然地带，边界要容易辨认；写有"生命"字样的硬纸板做成的牌子（8个代表小型食草动物，4个代表大型食草动物，3个代表杂食动物，2个代表食肉动物）；绳子（以便于参加游戏者把"生命"牌像项链一样挂在脖子上）；至少10个代表食物的牌子和10个代表水的牌子（散放在游戏区内，高于地面0.3米到1米插好）；每人一支颜色不同的毛毡头彩笔；发给每位参加游戏者的"食物"卡片和"水"卡片；"疾病"卡片（数目至少与参加游戏者数目相同）；各种头饰、服装或色彩鲜艳的牌子，以便能分辨出各种动物。

步骤：

1.仔细选好游戏区，不要选择有毒性植物，尖利石头，急流或其他有潜在危险的区域。

2.给每个人分配一个角色：小型食草动物（兔子、老鼠、松鼠）；

大型食草动物（鹿，驼鹿）；杂食动物（黄鼠狼，浣熊）或食肉动物（狼，狐狸）。我们可以根据这种金字塔形结构给每个人分派角色。大体上，杂食动物应该多于肉食动物，而食草动物应明显多于杂食动物及肉食动物。选一个人扮作人类，一个人扮作火，另一个人扮作疾病携带者。

3.发给每位参加者一种表明自己身份的证明，以及相应的几张"生命"牌，一张"水"卡片，一张"食物"卡片。每个牌子或卡片上都要注明参加者所扮的动物的名称以及参加者本人的名字。肉食动物不需要"食物"卡片。

4.这个游戏的目的就是让每位参加者都能活下来。动物们必须要寻找食物和水，同时又要躲避其他动物的捕食，躲避人类、火和疾病。游戏正式开始之前，参加者应该就各自的角色及活动进行一下交流（如肉食动物也许会在有水及食物的地方闲逛）。

5.如果人们按金字塔形分布开来，则会使食物链关系更加直观，参加者只能捕杀那些在金字塔中所处位置比他们低的动物；而不能捕杀高于他们或与他们处于同一水平位置的动物。这里有个重要的特例需区别对待：黄鼠狼、浣熊和狐狸不能捕杀鹿和驼鹿。虽然鹿和驼鹿是食草动物，但它们的天敌要比大多数食草动物的天敌少。

6.紧追某个动物，把它的"生命"牌拿走，假装把它杀死了。这样，"生命"牌就归捕杀者了，捕杀者不可以连续追捕同一个猎物（比如，其间可以追捕另一个动物），几个人也可以合作共同捕杀一个猎物，但"生命"牌只能归一个人所有，刚捕杀过猎物的捕杀者必须给猎物制造一个合理的逃跑机会，但却可以对第一个捕杀者发起进攻。

7.如果某个动物把所有的"生命"牌都失去了，它就必须退出游戏。捕杀者只能依靠自己的"生命"牌活下去，不能靠猎物的"生命"牌生存。

8.当参加者找到食物站或水站时，他（她）们要在食物卡或水卡上做上记号（每个站点用不同颜色标上记号），他（她）们只能去每个站点一次。

9.疾病携带者给他碰到的所有的动物一张"疾病"卡片。染病的动物把它的"疾病"卡片传给捕杀它的动物。如果人类将染病的动物治愈了，那么它就可以把"疾病"卡片丢掉。如果某个动物只剩下"疾病"卡片，那么它也无法生存下去。

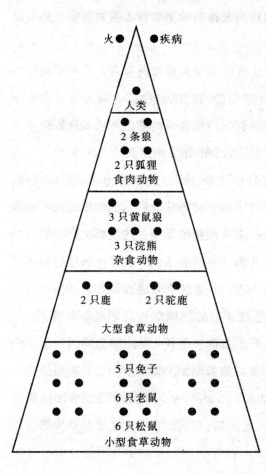

火●　●疾病

人类

2条狼
2只狐狸
食肉动物

3只黄鼠狼
3只浣熊
杂食动物

2只鹿　　2只驼鹿
大型食草动物

5只兔子
6只老鼠
6只松鼠
小型食草动物

10.游戏开始时，大小草食动物分散在游戏区内。以5分钟为间隔，先后分别放出杂食动物和肉食动物。游戏无时间限制，疾病携带者比人类早5分钟开始游戏。人类只能在游戏最后10分钟进入游戏区。他或她应使自己容易被认出，并且带着一些"生命"牌。当距离游戏结束只剩几分钟时，扮演火的人上场，他得在森林中到处跑，并喊着"火"，同时他把他碰到过的任何动物的"生命"牌都拿走。

11. 游戏最重要的部分是接下来要进行的讨论。谁活了下来？还剩下几个"生命"牌？有多少动物死于天敌的捕杀？死于疾病？死于人类的捕杀？动物们找到了多少食物源和水源？动物在什么地方最容易被捉到（如在田野中，在猎取食物时，在食物源或水源处，在藏身处）？参加游戏者最常用哪些方法（如躲藏，狩猎或二者次数相当）？是什么杀死了草食动物，肉食动物？人类进入游戏后，发生了什么事？火进入后呢？参加者在游戏进行过程中有何感受？从动物的角度讲，他们都了解到了什么？

12. 变化：假设现在是交配季节。动物们结成对，互相交换"生命"牌。雄性动物（佩戴着雌性动物的"生命"牌）从游戏区的一端开始活动，而雌性动物（佩戴着雄性动物的"生命"牌）从游戏区的另一端开始活动。在他们觅食之前，必须先找到各自的伴侣，拿回自己的牌。寻找时，只能用一种事先约定好的叫声（不许说话，也不许吹口哨），如果某个动物没能找到自己的伴侣，或是没等找到就被捉住了，那么他（她）必须回到出发点，等待伴侣，并把原有的"生命"牌拿掉一半，重新开始游戏。这代表着当某种动物在找到伴侣之前就被杀死，所造成的该动物数量的减少。

话题：生态系统　动物特性

野生动物的生存取决于诸多因素，包括足够的水源和食物，躲开天敌的捕杀，躲开人类以及自然灾害的威胁。为了存活下去，在这个游戏中，每个参加者都得有一定的目标。食草动物一定要避免成为食肉及杂食动物的腹中餐或死于疾病、火灾及人类的捕杀。他们必须找到尽可能多的食物和水。食肉动物要避免死于疾病、火灾及人类的捕杀。他们可以去有水的地方喝水，追捕食草动物或杂食动物。把他们的"生命"牌拿走后，就算把他们吃掉了。杂食动物要避免成为食肉动物的食物，也要避免死于疾病，火灾或人类的捕杀。杂食动物可享受水源及现成的食物，也可以追杀食草动物，把他们的"生命"牌拿走之后吃掉他们。疾病携带者给所有他接触过的动物一张"疾病"卡片。人类在这个游戏中既可扮演有益于动物的角色，又可以扮演动物的敌人。他们可以把"疾病"卡拿走，换一张"生命"牌（额外的牌子）。除此之外，人类还可以把手指当成枪朝动物射击，想杀死几只动物就杀死几只。动物永远无法预测到人类到底会做什么。火将把它接触过的东西都烧毁。

微型水生生态系统

你是不是着迷于养鱼缸，却不喜欢保持它们的清洁以及给鱼喂食呢？接下来要做的是在一个坛子里建立一个封闭的水生生态系统。

材料：大而干净的带盖的坛子（至少3-4升，最理想的是15-27升）；水生植物动物；6-8厘米厚的底部沉淀物（如沙子、砂砾）；装在大容器中的水（注：这些是能够从热带鱼类商店买到的材料）；石蜡——任选。

步骤：

1.把装在几个大容器中的自来水搁置两三天以除去水中的二氧化碳。

2.把沉淀物放在一个大坛子里。

3.在坛子里放一些水生植物（如需要把重物如石头系在植物上，把它固定在沉淀物里）。

4.往坛子里加入几只蜗牛，然后加入供给氧气的水，水位到达坛子的3／4处。

5.确保盖子紧盖住坛子，把坛子置于靠近窗户的位置（避免阳光直射，否则水温会变得过高）。生态系统（尤其植物）必须有足够的阳光。

6.等待两三周，直到生态系统变得适应光源，把鱼放在一个紧闭的塑料袋中，然后一起放入这个生态系统中，以便于塑料袋中的水温逐渐变得与生态系统中的水温相同，过了几个小时后，把鱼放入坛子中。

7.经过几周后，当生态系统已经开始运行并显示出生态平衡时，封住坛子，用融化的石蜡涂到盖子的边缘使空气不能进入也不能漏出来。

话题：生态系统　栖息地　植物生长过程

在一个坛子里建立起来的生态系统，价格便宜，而且一旦建立起来，就不再需要悉心维护，它另外的优点在于可以作为一个水生生态系统的微缩景观。

建立这个生态系统，并使之能够发挥作用，其中是有一些秘诀的。平衡这个生态系统可能需要一些技巧，特别是在这样一个小坛子里。坛子里只装3／4的水，另外1／4留给空气，当这些植物在白天为它们自己生产食物的时候（光合作用），空气中与水中氧气的含量会不断进行绿色植物的补充。尽管藻类可以在一个封闭的水生生态系统中起作用，它们并不是理想的，因为它们迅速繁殖，并会消耗大量氧气。伊乐藻属植物是一种更好的植物，它能够给生态系统中的动物提供食物和氧气。鱼以植物为食（食草性动物或杂食性动物）能够忍受海水的高盐含量并且能生存在一个含氧低的环境中。在一个封闭的水生生态系统中，蜗牛既扮演一个消费者，同时也扮演一个分解者。如果这个生态系统保持平衡的话，动物永远不会面临饥饿，如果它们的数量远大于食物的供给，比较弱的成员将会死去，直到它们的数量与可以提供的食物成一定比例为止。

微观陆生生态系统

你喜不喜欢在自己的房间内有一个小型森林呢？到一个真正的大森林或田野中去探查一番，然后模仿生态系统，建立一个封闭的植物栽培玻璃容器。

材料：玻璃鱼缸；卵石；园艺木炭；罐装土壤（未消过毒的）；蛭石；生长在泥炭沼的苔藓；沙子；水；量杯；直尺；尼龙袜；剪刀；塑料布；泥铲；小的容器用于混合土壤及收集植物标本，（注释：这些材料可以从园艺商店和热带鱼类商店买得到）；骨粉——任选。

步骤：

1.到一个真实的大森林或田野中去。收集模拟生态系统植物标本。要挑选各种各样的植物标本，尽可能少的侵扰自然区域。只取走你所需要的和数量很多的植物。一个理想的收集植物的地点是建筑工地或伐木场。因为，无论如何这里的植物都会被除掉。当取标本时，用铲子挖出整个植物——包括根系和周围土壤。或许你也想收集小石头，昆虫和其他自然落地形成的落叶层。

2.在一个大的玻璃容器中建立模拟生态系统。首先洗一些卵石和木炭。在玻璃容器和底部铺上大约2.5厘米厚的卵石。用约0.5厘米厚的木炭覆盖卵石，卵石与木炭相当于模拟生态系统的"排水层"；木炭可以过滤流过卵石的水。

3.剪开几只尼龙袜。用尼龙制作一个薄层盖上排水层。这可以防止土壤进入到排水层中。

4.把下列材料混合在一起：6份罐装土，2份蛭石，2份泥炭沼泽苔藓，1份木炭。如果有的话，加1／3份的骨粉。

5.用大约4厘米厚的混合土壤，覆盖排水层。

6.装饰你的模拟生态系统。弄一些小孔，用来种植你要栽种的标本。植物之间应该有足够的生长空间。在小孔中放一点水。尽可能敲掉植物根上的泥土。在每个孔中，放一个植株，用土盖住根。在土上喷一些水。添加其他一些天然的东西。

7.用塑料布安全地覆盖你的模拟生态系统。要封好模拟生态系统与塑料布边缘处的封口。

8.把模拟生态系统放在靠近窗户的地方，避免阳光直射。定期移动模拟生态系统，避免植物只朝一个方向生长。你应该总能看到在塑料布上有一些水滴。如果没有水滴，给模拟生态系统加一点水。如果模拟生态系统水分过多，把塑料布拿下来几个小时。模拟生态系统在何种程度上与一个真正的森林或田野相似呢？

9.扩展活动：改变环境，重新做一次关于模拟生态系统的实验。例如：移走植物，加入过量或少量的水，限制光线的照射，改变土壤成分，往土壤中加入一些盐。模拟生态系统发生了什么变化？在一个真实的大森林或田野里会发生什么情况？

话题：生态系统　栖息地　植物生长过程

　　一个森林模拟生态系统可由小的开花植物，小树苗，蕨类植物，苔藓，一块腐烂的圆木，岩石及小动物，如：昆虫，蜗牛组成。在田野生态系统上建立起来的模拟生态系统，可以包括野生小草、苔藓、昆虫、枯死的草茎与叶子。在模拟生态系统上盖一层塑料布，你就利用植物蒸腾作用过程的优势（不必给植物浇水）营造了一个封闭的系统。当植物的根从土壤中吸收水分时，蒸腾作用开始发生。水分通过植物的茎、杆以及叶子的各个分枝，然后从叶子的表面蒸发到空气中。在模拟生态系统中，水蒸气凝结在塑料布上，水滴落到植物上，因为在模拟生态系统外部的空气是冷的，所以塑料布也是冷的。

寻找小型栖息地

人们通常考察的栖息所包括海洋、溪流、池塘、沼泽、沙漠、北极冻土带、草原以及森林。从小做起，逐步考察大的地方。

材料：线；米尺或卷尺；放大镜；铲子或木棍纸；铅笔。

步骤：

1.找一小块土地做调查。用线标出一个面积为1米×1米的正方形。

2.用放大镜仔细观察这一小块土地的地皮。记下你所看到的所有东西（例如：小草，松土，腐烂的树叶，野草，卵石，昆虫）。

3.哪种植物占绝对优势（例如蒲公英、小草）？这块地表上这种主要植物的数量大约有多少？这种植物覆盖了多大面积？（例如1／4，1／2，多于1／2，几乎全部区域）

4.列出这块地皮上的其他植物。有多少种植物类型？它们覆盖多大区域？

5.有什么动物（尤其是昆虫）？每种动物的数量有多少？

6.把铲子或木棍小心翼翼地插入土壤中。观察一下土壤的土层。你如何描绘土壤：湿润，干燥，多沙，崎岖不平，还是像黏土层？从蚯蚓到石子列出你在土壤中找到的一切东西。在观察原土壤后，把它归还到原来的地方。

7.这块土地上有没有人的迹象（例如垃圾）？

8.在一块完全不同的区域重复以上小型栖息地的调查实验，并比较你的发现。

9.扩展活动：建立一个你自己的小型栖息所。把一堆落叶放在潮湿、阴凉角落里的土壤上。拿一些空心砖头（在砖头上有小孔穿过）并把它们放在长长的草叶中或灌木丛下。或者把一个干净的塑料容器倒置在一个花园或草坪的一角上。如果在塑料容器上弄几个小孔，就会有空气和小东西进入。不时地浇一下土壤及容器。过几周后，参观你的栖息所，你会看到有小动物定居在里面，一些植物（如苔藓、海藻）开始生长。

话题：栖息地　昆虫　土壤

栖息所是生物的栖息之地。它不仅仅是一个家，还是一个邻接地区。对一个动物来说，栖息之地包括动物需要捕食和收集食物，找寻伴侣并喂养全家所需要的全部土地。不同的生态系统法则的组合（阳光、空气、水、土壤），以及不同的气候及地形，会营造出不同的栖息地。一个荫凉的地区与一个阳光明媚的地区生长不同种类的树木及灌木。纯净的空气可以帮助植物生长，但受过污染的空气则会使植物的生长延缓或停止。水量少则可能产生沙漠地带，而水量多则会产生沼泽。贫瘠的土壤只能生长某种植物，而肥沃的土壤生长更多的植被。

　　大多数动物与植物是特化的，只能生存于一个特定的环境，适合它们的栖息地。例如：蚯蚓生长在潮湿的土壤中，通常有细软、湿润的皮肤。在比较干燥的栖息所发现的生物，有着厚厚的、坚硬的外壳（如甲虫），防止它们会被弄干。在同一个生态小环境中，没有两种物种可以共同占据很长时间，例如：如果有两种鸟待在相同的地方，以相同种类的浆果为食，一种或另外一种将会被挤出这个地方或将不得不使自己适应一种新的食物来源。

多彩水世界

池塘与河流、湖泊相比有哪些不同？选择一处水上栖所来考察一下。

材料：纸；铅笔；温度计；放大镜；浮标（橘子或葡萄柚）；秒表或显示秒的表；米尺；塑料杯；长筒橡胶雨靴；水测试仪；渔网长柄筛子；桶状疏泥机；频闪盘（仪器用法说明在下一页）；野外活动指南——任选。

步骤：

1.概观

池塘的主要部分或各个部分看起来处于什么状态？不流动的淡水塘上经常覆了一层叫作"塘垢"的藻类，而被人称做"浮萍"（名字缘于鸭子喜欢以它为食的事实）。水面上闪亮的浮层可能意味着水中有油，你看到其他一些污染的迹象了吗？

2.气味

这个地方的气味是怎样的？有烂鸡蛋味说明下水道的污物正在渗漏入水中。

3.水色／纯净度

水呈现什么颜色？是淡褐、深褐还是清亮？用频闪盘检测水的纯净度。包括水质、溶解在水中的化学物质和微生物的数量，以及影响光的透射力的土和淤泥等悬浮粒的数量。猛烈的降雨会搅起水中的浮尘，将整个水塘搅浑。这样的状态经常会持续几天，降雨前后，你所能看到频闪盘在水中的深度有何变化？

4.水区

一个水体通常被划分成很多水区，你能发现多少？各水区的自然状况日照量及水深各不相同。

5.水深

天气晴朗的时候，通过观察水位，我们能猜到水的深度：漩涡表示深水，微波标明浅水，用水深仪对水深进行更精确的测量。

6.水层

测一下不同深度的水层的湿度，用水中潜望镜观测。分别测出不同深度的水层在有日照和无日照处的温度，读出靠近水面处，水中部及水底各处的水，正确握着温度计持续几分钟，以确保读值准确。

7.流速

水中的氧气含量是影响生物生活的决定性因素，而氧气含量又受水的流速的制约，让两人相距50米沿河岸而站，估测水流速度，位于上游的人放入水中一个浮标，位于下游的人记下浮标漂过来所用的时间，好的水中浮标应浸在水中行进，避免它受风力的影响。用浮标漂浮的距离（50米）除以漂浮时间（以秒针）就得出水流速度。用米／秒表示。

8.岩石

找一块部分浸在水中的巨石，浸在水下的石身和水面上的部分看起来有什么区别吗？水下的巨石由于流水的冲刷经常变得圆滑，在有着不同岩石与石块的地方，不同种类的生物生活在不同的石头上吗？譬如，如果一条小溪有着平滑与形状粗糙的两种石头，那么水蜘蛛这类动物是经常出没于糙石而不是滑石当中的，更多的动物则是生活在覆满苔藓、海藻及其他植物的石块上。在石块的上部与下部也会发现一些动物。

9.水中及其附近的植物

近距离观察水上栖所和它附近生长的植物，识别你找到的植物并将其归类。在近水的干地上你会发现灌木丛及树木在靠近海岸的水中，你会看到根系扎在水底淤泥中，部分露在水面上的植物。寻找香蒲属植物，测量它的茎，看它必须长多高才能使其顶部高出水面，再向水下观测，你会发现一些根在水底，不露出水面的植物。最后你还能看到一种水底没有根系，浮在水面上的植物。当然还有其他类植物，这些植物十分微小，不用放大镜是看不到的。

10.水中的微生动物

在水面上轻轻舀一些水，观测里面的生命，许多水蛹或幼虫是透明的或色泽很浅，所以要仔细观察，可能需好几分钟你才能看到有东西在蠕动。

11.水中的动物

你在水里或水边能发现多少种动物？如果你能在水中看到鱼或许多甲壳虫，这是个好迹象，这表明水中的氧气很充足，池塘中能见到的动物有蝌蚪、各类鱼、鳖、青蛙、小龙虾、蛇、各种鸟及好多昆虫。借助长柄小捞网、平底网及长柄筛来考察一处生物水栖地中不同水深处的动物的生活。水域上层的动物和生活在水中层的动物有区别吗?

12.生活在水面及水底的动物们

生活在水面上及水底的动物有区别吗?生活在水面上的动物是怎样移动的?它的腿是什么样的?它能发出特别的声响吗?它们呈什么颜色?你为何认为其中一些动物是生活在水面上的?它们到水面上来觅食吗?到水面上来换气吗?水甲壳虫从包裹着身体的翅膀下吸进供应呼吸的空气,仔细观察就会在甲壳虫的上腹处看到气泡。当水面上的动物受到惊扰时,它们还会待在那里吗?钻进淤泥中的动物受到惊扰时它们还会继续待在水底吗?当水甲虫和蝌蚪受到惊吓时,经常会钻进泥中。在水中或岩石及叶子下面可以找到蜗牛和扁虫。

13.水底的动植物

用桶状疏泥机汲取水底的一些物质,用长柄筛子筛出这些物质。河床的类型对动植物生活有很大影响。岩床不能提供较多的食物。布满碎石和沙砾的河床经常水流湍急,水中携带了丰富的食物及氧气,泥沙河床上没有供高大植物扎根的坚实材料,也没有植物可以依附的光滑层面,有淤泥或淤河的河床上有着足够的植根材料。

14.动植物的关系

某些动物总是在特定的植物上或植物附近出现吗?在叶片肥大的植物上,每片叶子上或旁边出现的动物各不相同吗?把水莲和浮萍这样的植物的叶子翻过来,你可以看到水蛇、水螅蜗牛甚至蜗牛蛋。

15.动植物的适应性

动植物的哪些适应性有助于它们在水中生存?譬如:一些动物适应了湍急的水流。水中黑蝇的幼虫能用长在腹部及腿上的钩子附着在石头上。

话题：栖息地　生态系统　测量　昆虫　动物特点

　　考察池塘时首先要做的事情之一就是找出它所处的发展阶段。一个栖息地代替另一个栖息地是一个渐进的承继过程，一个池塘一旦形成，它同时开始消亡，各种植物沿岸而生，最终枯亡、流入水底，冲刷进来的泥土开始填充池塘，而动物体的残骸亦成为一种填充物。池塘变得越来越浅，植物愈来愈向中心生长，池塘逐渐被填成泥塘，然后成为沼泽、最后成为一片草地或森林。"湿地"包括泥塘、沼泽，水洼地，它们在生态系统中很重要，是许多种动植物的栖息地。海滨湿地是各种各类鱼类小虾产卵、哺育的必需之地。湿地提供了抗击潮水的缓冲地，并且除掉来自水中的各种污染物。水稻是一种水地作物，大约有几十亿人口靠水稻为食，不幸的是世界上很多湿地被人们将水排干用于造田建房或修建用于发电的水库。

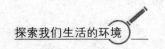

探测水生动植物栖息地的设备

手捞网： 手捞网可以用来收集水表、植物间和在岸边的石头和原木下的昆虫和其他小的水生生物。弄直一个衣服挂钩的钩子。把衣服挂钩的其余部分弯成一个圈，把一些结实的布、尼龙袜或尼龙网钉缝在线圈上，在线圈的周围形成一个大约12厘米深的袋子，把衣服挂钩直的一端捆在一个扫帚或一个冰球棒上。

捞桶： 用捞桶去收集水底的沉积物。拿一个锤子和钉子在桶的底部打一些较密的洞，在桶的里面用线在砖的周围绕一圈，穿过几个较近的连在一起的洞，把砖固定

在桶的里面，把一根绳子系在桶把上，把捞桶放入水中，沿着底部拉它去收集样本。

平底网： 用一个大的平底网在一个池塘或溪流的不同深度处收集一些大的水生动物体。手捞网和平底网之间的区别是平底网是用衣服挂钩做成的。把衣服挂钩弯折成一个直径35厘米左右的D形框架，套一个大约60厘米深的袋子，并把这个袋子捆在大约2米长的一根棍子上。

手工过滤网：用手工过滤网去检测从池塘或溪流底部挖出来的泥浆的样本。用一个至少1毫米的金属网眼制作手工过滤网，把这个金属网绑在用30厘米长的木头做的立方架上，把泥浆放在金属网上并在上面倒水。细小的颗粒将被冲下去，用手把大石粒拣出去。

水中观察仪器：用水中观察仪器去观察塘底或溪底的动植物。把一个罐子的底和顶剪下，或把桶的底部弄下来，用暗色的可以减少反射的黑漆把水中观察器的里面涂上，用有弹力的橡皮圈把塑料覆盖物或厚的清晰的塑料绑紧在水中观察器的一端，你需要把水中观察器放入水中几厘米去观察，水的压力使塑料变成一个凸透镜，因此，动植物被放大，通过水中观察器进行观察，成功与否取决于头顶的太阳光的明亮度和塑料的清晰度。

深水量器：深水量器是种非常有用的仪器。把一个重物牢固地系在一段线绳上。在线绳上每隔一段距离打个结（如每0.5米），把重物慢慢放入水中，可发现不同位置的水的深度，把一个温度计绑在重物上（把金属网弄弯套在温度计周围以免温度计被打破）去测量一下在不同深度水的温度。把温度计放在水下几分钟确保获得一个精确的温度值。

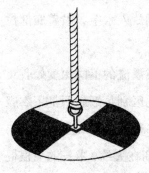

频闪盘：光的穿透能力用频闪盘是相当容易测量的，用轻金属做频闪盘（如漆罐的盖），频闪盘的直径应当是15-20厘米，在中间打一个洞，把圆盘分为4部分，把相对的两部分涂成白色，并且将另外两部分涂上黑色（如图），使用两个螺栓固定在圆盘上，

如果这圆盘倾向漂浮就把一些重物放在它下面，把粗线绳用吊环螺栓扎牢。按有规律的间隔在粗绳上打上结（如每0.5米）。为了测定水的清晰度，把频闪盘慢慢地放入水中，记录下沉入水中的结的个数。把这块水面遮住，防止反射或其他妨碍清楚观测圆盘的现象发生。你的眼睛应当离水面大约1米远。当你不再能够看到频闪盘时的深度，也就是光所能穿透水的大约深度。光对于生活在各处的绿色植物是必要的，光穿透水的深度决定了在此之下光合作用不能发生，如果在池塘上部的两米之内你能看到频闪盘，那么所有的食物生产就在那两米之内产生。

原野风行路

杂草丛生的原野不可能看起来充满了生命力，在那里唯一能够看到的动物可能是一两只蝴蝶或许是一只鸟，但是走进原野并且在近处仔细看看，你就会发现……

材料： 纸；铅笔；收集网（用网或粗布，一个衣服挂钩和一个扫帚把制成一个收集网）；放大镜；毛巾；测量用的卷尺；几个标桩；线；野外活动指南——任选。

步骤：

1.探测一个大的地区的简单方法是把这个地区划分出几个扇形（正方形），扇形的大小不限，用卷尺量出这些扇形的大小，用标桩和线把扇形标出，把从不同的扇形得到的信息比较一下。

2.原野考察开始时，先画一幅这块土地的草图，草图中包括重要的树或岩石，如果原野不太大，用步子测量各边缘的长度，你就能知道它的大致尺寸，你可以按比例尺画出原野的地图。

3.试着寻找颜色，找出五种深浅不同的绿颜色，至少找出一种红的、粉的、橘色的、褐色的、黄色的、白色的和紫色的颜色。

4.寻找不同种类的植物和草，分别找出像你的腰膝及脚踝一样高的植物，大一些和更显眼的各科植物包括马利筋属植物、豚草、蒲公英属的植物的叶子。观察有毒的常青藤，有光泽的三叶生的藤本植物，不要碰触或走进它。

5.如果你在原野周围逛了一会儿，你发现它本应当长满了野花，如果遇到正在开的植物，用放大镜去观察它，寻找正在成长的种子。常常野花生长在干燥的环境和白天误差大的地方。观察一下植物对它们环境的适应，例如：一些植物在它们的茎或叶有厚的、蜡质的保护层其作用是减少水分丧失，在叶和茎上的毛（像马利筋属植物也可通过形成不流动的空气空间或隔离层减少水分的丧失）。

6.寻找一些动物的迹象，像在叶子上的洞，在叶子背面的印，在地上的洞，动物的踪迹或者被动物踩成的小径，在原野里能够发现大一些的动物包括老鼠、兔子、土拨鼠、蛇和鸟。

7.用一个收集网在青草丛扫一下你能扫来多少昆虫？

8.观察10种不同植物并指明在每种植物上面生存的动物。寻找居住在树叶或根茎里面或者是一只正在采集花粉的昆虫。再找找蜘蛛和它们结的网。

9.挖出一些土找一种新的动物，蚯蚓是普通的生活在土壤里的动物，你可能发现动物的隧道或穴，土壤应当也包含一堆混乱的植物根，观察土壤之后，把它填回到原来的地方。

10.根据各区域动植物的不同，比较一下原野的各部分它们有什么不同？有什么相同点？什么因素可能说明不同点或相同点（如温度、阳光、树）？

话题：栖息地　制图　植物各部分　昆虫土壤

　　原野里包含着广泛的多样的动植物生命，但是栖息地带的边缘包含更多的生命种类，因为从毗邻的区域来的生命体都出现在这儿。森林边缘的栖息地通常是森林和邻近领域的相汇处，它们也包括部分或全部的阴凉处（对比一下森林的遮蔽处和原野的阳光下）和一种混合的植物类型（如树、灌木、阔叶植物和草）。

近观森林处

向上看，向下看，向中间看，在森林各个不同的高度存活着许多生命，下面让我们走进森林仔细观察一下……

材料：纸；铅笔；毛巾；放大镜；温度计；测量用卷尺；野外活动指南——任选。

步骤：

1.当你第一次走进森林的时候，你看到的主要类型的树是什么？是针叶树（如：松、杉）还是落叶树（如：栎、山毛榉、枫）的数量占优势？

2.向下看，在森林底层生活着比任何层次都要多的生物，大多数动植物生命的开始和结束都在森林底层。观察一下有毒的常青藤，有光泽的三叶生的藤本植物，但不要靠近它。

3.你能在森林底层发现一些腐烂的物质，深深地挖土壤，撒一把土并用放大镜观察这些生物，寻找千足虫、蜈蚣、蚯蚓、甲虫和蜘蛛，最后把土壤填回到原来位置。

4.森林底层对于稚嫩的小树来说是一个保育室，寻找种子、幼苗和幼树，幼树是怎样到那儿的？在尺寸上怎样比较？在阳光下的幼苗比在阴影下的幼苗高吗？

5.在森林的各个部分的温度和阳光状况一样吗？高层的阳光量比低层的日光量多多少？森林底层的各部分仍处在深阴影处吗？即使在阳光照耀的时候？一些部分是潮湿的，一些部分是干的吗？这对植物的生活有何影响？

6.观察一下树干、树皮是什么颜色的？它感觉起来像什么？不要把树皮从树上剥下来，寻找光秃的碎片和昆虫，所有的树干都是一样的吗？一个特定的树干的不同面都一样吗？你在哪面发现了地衣、水藻、苔藓或真菌？为什么？

7.观察一下几棵树的自然环境，在土壤上面有一些树根露出来吗？从地面上算起最低的树枝多高。在每棵树上死枝的百分比是多少？

8.就近观察底层的树枝，树叶有些昆虫咬出的斑点吗？树叶上挂满了烟灰吗？你能发现多少动物，试着找一找五倍子、栎球、帐状毛虫、袋虫、卷叶虫和工蚁等昆虫。在树叶上发现的昆虫与树皮上发现昆虫有何不同之处呢？

9.估计一下树的高度，已知身高的一个人靠着树站着，把他或她作为一个测量的标准单位，从树下向外走出大约20步，伸出胳膊，手里拿着一根小棍或一支铅笔，手拿棍子的顶端把棍子的顶点同树下那个人的脑袋平齐，沿着棍子向下移动你的拇指，一直移到你的拇指与那个人的脚平齐为止，现在一次把棍子移动一个标准单位（一个人的身高），用人的身高乘以标准单位的一个数就得到了树的近似高度，你发现最高的树有多高？

10.向上看，在树的顶部去寻找生物，你可能看见一些鸟、麻雀和飞的昆虫，这些生物也落在地面上，还是它们大多数时间在高处度过？这些动物受到底层生物多大的影响？你能发现的同一种类生物有多少？你能发现吗？在筑巢季节不要打扰鸟筑巢。

11.森林中有死树吗？你怎样才知道树是死的吗？死树和活树有哪些相似之处？死树上生存的动物不同于活树上生存的动物吗？在森林中，死树有什么价值？

话题：栖息地　植物全部分　土壤　昆虫　测量

"林业"是对森林中的木材，水资源中的野生动物和人类旅游消遣的管理。树木在经济上是重要的，同时林业传统上集中在木材管理上，它包括重新选材，保护森林和防虫。

对黑暗说 "NO"

伴随夜晚的来临而发生的变化能把一个熟悉的地方变成一个全新的世界。进行一次夜间长途旅行，对环境有一个新的视角。

材料：手电筒；红色玻璃纸或红色的袜子；两三米长的绳子——任选。

步骤：

1. 一次夜间步行需要一些细心的计划。在白天的时候选择一条路线以确保此次步行是安全的。尽量选择通过自然区域的路线。设计一种适合此地域的步速。（例如：如果路径多岩且陡峭，就要保持慢步前进。移开任何与你的视线平行的尖利的、枯死的树枝。）

2. 在开始夜间步行前先来谈谈恐惧感。什么使夜晚不同于白天？你害怕黑暗吗？大多数的人并不是真正害怕黑暗本身。人们能够看到天是黑的。他们所害怕的是他们所不能看到的东西；他们害怕的是他们想象的隐藏在黑暗中的东西。

3. 人眼大约需要20分钟的时间才能完全适应黑暗。因此要留足够的时间来完成这个适应过程。在进行夜间步行时，尽量避免使用手电，但是可以随身带一只，以防万一。如果你需要查看地图，可以把一只红色袜子或红色玻璃纸罩在手电上（红光不会影响你的眼睛对黑暗的适应）。

4.当你开始此次夜间步行时，减少焦虑的一个方法是，让人们依一条每隔3米打一个结的绳子排成一路纵队行进。这样既保持了距离，又可以消除疑虑。

5.尽可能地辨别一些光源和反射物。夜晚从来不是完全黑暗的。光来自星星、月亮（特别是满月），一些真菌、动物和一些人造源。光是被从云、水、动物的眼睛和像玻璃、金属这样的物质反射过来的。

6.视觉在黑暗中的用处是有限的，如果你不直接把视线集中在物体上，你的眼睛是有点用的。看物体的侧面（如：星星），这样你会有效地利用你的视网膜杆（视网膜的一部分，主要用在光线黯淡的环境）。一个非常有趣的视觉挑战就是在远处看在夜空背景上现出的树木的轮廓。你能只通过形状就区分出树的类型吗？

7.充分利用感觉，不用视觉。轻轻地走，你能听到和享受到夜晚的声音。你能辨别这些声音吗？停下来去听听这声音。把双手放在你的身后去增加声音的聚集面。声音从哪来？

8.回声能够使你对声音有更多的了解，在一个寂静的夜晚，常常可以清晰地听到回声，尖锐和大声地喊或拍。试着面对不同的方向，试一下一组喊或拍，如果声音从许多反射面反弹回来，你将不止一次地听到这个原声。声波在3秒钟传播大约1千米。据此可以估计反射面的距离（例如：反射面在2千米远，6秒钟后将听到回声）。

9.嗅觉在夜晚是一种有用的感觉。在夜间嗅一嗅空气，它的气味与白天有何不同？

10.触觉是在白天或夜晚都较灵敏的一种感觉，用手去摸树。大树干能比小树干储存更多地从太阳那里获得的温暖吗？

11.当你从一个地方到另一个地方时，你能感觉到任何温度的变化吗？哪一个地方最冷？为什么？

12.当夜晚徒步旅行结束的时候，坐在外面黑暗处一个舒适的地方。谈论着徒步旅行后的经历。什么使白天不同于夜晚？完成没有完成的句子像"夜晚，使我感觉……"或者"当……时，我感觉很害怕"，什么是夜晚最美妙的事？在树林中，什么是夜晚真正的危险？人是夜间活动的还是白天活动的生物？

话题：环境意识　感知　声音

黑夜与白天之间明显的不同包括温度，湿度，气味，声音和动物生活上的变化。一个更微妙变化的例子就是树干大小的变化。科学家已经注意到了，在夜间树干会变得粗些，而由于在树干内水的运动量的不同，在白天则会变得细一些。

> 测试一下你夜间的视力：把大的白色的木板或柱子放在相应的直线上，间距为3米。在灯光明亮的地方待一会儿后，站到外面指定的黑暗处，数一数你所看见的柱子的个数。在黑暗的外面待半小时后再重新测试一遍。你能看得更远吗？为什么？

发光的动植物自己能够制造光。萤火虫在它的身体里有一定的化学物质，当它们混合在一起的时候就会形成光。不同于大多数光源，由于没有什么燃烧，所以也不会产生热，萤火虫不是用光去看，而是吸引伙伴或觅食。在地面上寻找萤火虫的卵和发光的幼虫，在某些潮湿地区腐烂的原木上，你可以发现发光的菌类和其他的真菌（你可能需要打开这些腐烂的木头才能清晰地看到这些发光物）。在浅水，尤其在海洋附近你能看见发光的海洋生物。

一些动物如田鼠和貂熊——在白天和夜晚都很活跃。其他动物的活动时间受更多的限制。猜猜下面的动物，哪些是白天活动的，而哪些是主要在夜间活动的。

1.美洲旱獭 2.红色的松鼠 3.高山山羊 4.黑熊 5.花鼠 6.跳鼠 7.雪兔 8.貂 9.北极地鼠 10.猞猁

答案：

1.白天活动的 2.白天活动的 3.白天活动的 4.夜间活动的 5.白天活动的 6.7.8.夜间活动的 9.白天活动的 10.夜间活动的

雪之毯

冬季是以什么方式影响自然环境的？雪是如何影响动植物生活的？让我们做一个森林模型，并模仿降雪。

材料：一平方米大的纸板或木板；几根牙签；一些纸或海绵；胶水；泡沫丰富的白色洗涤剂。

步骤：

1.在纸板或木板上做出一个森林模型。海绵粘到牙签的一端就做成了树木，再把这些树木粘到"森林木板"上去，并直接用海绵做成矮灌木丛。在布局上，把树木紧挨在一起，留下一些只有灌木丛的开阔地。

2.在森林上空洒一些平均一厘米厚的洗涤剂，模仿降雪。

3.哪一部分雪覆盖得最厚？树木对雪降落到地面的数量有什么影响？雪是怎样影响树木和灌木丛的？降雪对动物的活动产生了什么影响？

冬天山上的降雪量决定着灌溉和发电用的水源。春天，雪融化后注入江湖，但如果春天到得较迟，雪的融化速度就会加快，从而引发洪水泛滥。

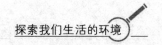

话题：雪　动物特性

雪真的是一块厚毯，它能保暖御寒。没有雪，土壤会冻结得更深，同时，雪也把空气中的养分像化肥一样撒播在大地上。一定地区降雪量的多少对这个地区的影响会一直持续到下一个夏季的来临。降雪越多，融入大地的水就越多。虽然在地球北部，雪和冬天都意味着严寒，但比较而言，随着冬天的来临而发生的变化则要微妙得多。冬天是一个蛰伏的季节，由于气温偏低，鸟类都从寒冷的北方迁移到温暖的南方。

对大多数动物而言，冬季与夏季的生活没什么区别。雪地下草原鼠仍像往常一样奔波于精致的地道中。虽然臭鼬、浣熊、狐狸和松鼠在洞穴里一直隐居到严冬的结束，但雪地上通常能发现它们留下的踪迹。多数动物都能适应季节的更替。一些鸟类的食物随着季节不同而在昆虫和种子之间不断变换。为了在低温中生存，鸟类用羽毛防御四周冷空气的侵袭，而且它们必须吃掉足够多的食物以提供热量。哺乳类动物独特的适应方式则是冬眠。在此期间，它们心跳变慢，体温降低，呼吸时有时无。春天一来，一种藏在动物体内的生物钟会唤醒动物，而且，在它们大脑中有一个特殊的气温调节系统。秋天到来时，它们就能增加自身脂肪的数量。

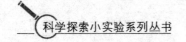
情景再现

曲奇畅想曲

当今世界人口大约每分钟增加160人。人越多，需要的资源也越多，但资源是有限的——就和这个游戏中的曲奇饼一样。

材料：每人一块曲奇饼。

步骤：

1.以两个人、两块曲奇饼开始。这样，一个人可以得到多少曲奇饼呢？若再增加两个人，这四个人中每个人可以得到两块曲奇的有多少呢？再加四个人，这八个人中每人又能得到多少呢？这个例子与世界人口的增长有什么联系吗？应该怎样分这些曲奇饼才算"公平"呢？

2.把人分成两组：一组由两个人组成，另一组由余下的人组成。

3.把曲奇饼平均分成两堆（曲奇饼总数与人的总数相同）。由两个人组成的那组得一堆，另外一堆属于另一组。

4.这样分公平吗？每组的成员会有何意见呢？把曲奇饼比作地球资源，如食物或能源。

5.大组将会怎样分它的曲奇饼呢？为得到小组的一些曲奇饼又会怎样做呢？要更公平地分这些曲奇饼，小组可以怎样做呢？（一起分

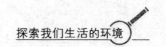

享，互相交换，还是把曲奇饼弄碎）小组愿意与大组分享他们的曲奇饼吗？为什么？把一些曲奇饼留下来用作后来的点心，会有人认为这是一个好主意吗？为什么？

6.大家应共同研究出一个公平的分曲奇饼方法——然后把它们吃掉！

话题：资源　决策

在过去的40年间，地球的人口已经增长了两倍，从25亿到50多亿。人口的增长直接或间接地影响着全世界的动植物。越来越多的人把土地用来建房子、修路、建购物中心和其他发展事业，这就意味着动植物占有的土地越来越少。人口越多，产生的废物也就越多，它们既占据空间（例如：堆填区），又污染环境。同时，人越多，对有限资源，如能源、食物和水的需求也就越大。

资源有限这个问题是由于资源未被正当而有效地利用造成的。只占世界人口20%的西方发达国家，消耗世界能源的70%。很多富裕的国家获得的食物比它们实际需要的多，然而，较贫困的国家却经常食物短缺。在亚洲、南美洲和非洲，一些较穷的国家，人口增长得最快；他们几乎不能再维持更多的人口了。在较穷的国家，一些农民种植"现金庄稼"——咖啡、茶叶、棉花、香蕉，烟草——销往发达国家，而代替种植基本的粮食作物。穷困国家缺乏农业生产经验，会导致把沃土变成沙漠，加剧旱灾带来的影响。

就低不就高的饮食

资源的合理利用涉及我们要"食用食物链中低等动植物"这个问题。通过用纸牌与爆米花玩的这个游戏，让我们一起仔细探讨食物链中能量损失的问题。

材料：一副纸牌；纸；铅笔；一碗爆米花。

步骤：

1.牌砌成的金字塔：每个人秘密地在自己的纸条上写上一种植物或动物的名字。这一步一完成，便开始用牌砌成一个塔。一张牌表示纸条上写的一种动物或植物。地球从太阳中获取能量。由于植物是第一个利用太阳能的，所以它们都处于底部。草食和肉食动物分别处于第2和第3层。要建一个又宽、又稳的塔底，植物够吗？通常，总是有更多的动物（因为一头大象比一朵蒲公英更有趣）。于是，为了建一个稳固的塔，关键是要重新安排牌上动植物的名字。为什么需要这么多植物呢？如果把植物从塔上撤走，将会有什么后果呢？

2.爆米花的能量：1个人做太阳，12个人做植物，6个人做草食动物，2个人做肉食动物。植物、草食动物和肉食动物面向太阳，坐成一个倒金字塔形（即植物最接近太阳）。植物直接从太阳中获取能量；

草食动物从植物中获取能量；肉食动物则从草食动物中获取能量。"太阳"把一碗爆米花传给"植物"。每一棵植物抓一把爆米花。"植物"至少要把手里一半的爆米花吃掉。把剩下的传给"草食动物"；每一只"草食动物"从两棵植物处得到爆米花，同样至少要吃掉一半。然后，把剩下的传给肉食动物；每只肉食动物从三只草食动物处获得爆米花。他们至少也吃掉一半。为什么植物要把一些爆米花传出去呢？为什么一只以上草食动物从两棵以上植物中取爆米花呢？肉食动物为什么要从三只以上草食动物中获取能量呢？如果有一个人要加入肉食动物或直接加入肉食动物链上的六棵原始植物中，他（她）会得到更多的爆米花吗？

话题：资源 能量 生态系统

食物金字塔说明不同形式的生命，在一条食物链的不同部分有体积数量的差别。食物金字塔的底部最大，是由绿色的植物组成的。然后是草食动物（以植物为食），接着是肉食动物（以肉为食）在金字塔顶部是生物如以腐尸为食的禽兽（如兀鹰），占的数量最少。

食物金字塔同样说明了能量损失的问题。当能量从太阳传递到植物，再到动物时已经损失了大部分。一只动物只能吸收所吃食物能量的10%；其余的90%则变成了热或没有被消化，吃一只动物像吸收"已被用了两次的阳光"一样。"对食物链中低等生物的需求"意味着要占更多的植物——谷物（如：玉米、小麦、水稻）、水果和蔬菜——比肉和奶制品多。在北美洲的人们吃大量的肉蛋，并喝很多牛奶。我们可以从草食动物中获取这些食物。如果我们吃植物将更有效。"低"饮食同样是采用于养活不断增长的世界人口的有效途径。4 000平方米的庄稼可以养活6 000口人一天。同样多庄稼喂养动物，则只能给50人提供肉食。但是，生产效率不是唯一要考虑的因素，更重要的问题是关于世界食物分配的政治问题。要合理利用资源，就要面临困难的选择并需要有创造性的解决办法。

危在旦夕的 "Hoppit"

每个星期，都有20多种生物从地球上永远消失。在这个游戏中，一种在现实中不存在的叫作 "Hoppit" 的生物正面临灭种的威胁。

材料：胶带纸；大量相似的小物体（如：几副扑克牌、几打宾果筹码）。

步骤：

1.用胶带纸标出一个 "家" 聚集区。把小物体分散在一个更大的范围内。

2.每个都是一个 "Hoppit"。"Hoppit" 是一种想象出来的会跳的生物。它们活着就是要从地面上收集尽可能多的食物（小物体）。游戏的目的就是使 "Hoppit" 不断地跳寻食物。"Hoppit" 把收集到的食物在家里堆成小堆；它们也可以停跳而在家里休息。

3."Hoppit" 用双腿跳着到处去收集食物时，游戏便开始。它们一次只能捡一块食物（物体），并送回到自己的食物堆去。每只 "Hoppit" 在 "家" 聚集区都有自己的食物堆，并且要尽力使自己食物堆至少要与别人的一样大小。

4.10分钟后，"Hoppit"被告知，由于天气变坏，获得食物将会更难。这种困难由"Hoppit"只能用单腿跳来表示。要是"Hoppit"用了双腿跳，那么就"死"了，从而退出游戏，单腿跳的"Hoppit"必须继续到处跳去收集食物5到10分钟。

5."Hoppit"又被告知说，人类在它们的"家"建了个市场，此时，"Hoppit"可以离开它们的食物堆在所在地，但不能在"家"聚集区停下来休息。为了生存，"Hoppit"必须不断地单腿跳，给它们的食物堆添加食物。

6.5分钟后有多少只Hoppit生存下来？10分钟后呢？20分钟后呢？为了物种的延续，至少有两只Hoppit必须存活下来。

话题：栖息地　生态系统

"灭种"动物就是指不再存在于地球上任何地方的动物。"濒临灭绝"动物就是指由于人类的活动而受到灭种威胁的动物。如果人类的活动不加以改变，"被威胁"动物很可能会灭绝。"被根除"动物不存在于荒野中，但存在于其他地方，如动物园。动物园尽力重新创造动物的自然栖息地，从而很多珍稀动物——如美洲虎和秃鹰——甚至能够繁衍出家庭。

人与野生动物有着相同的基本需求：一个家，足够的食物和水，进行日常活动的空间和自由。不幸的是，人类经常不必要地杀害动物，污染环境，破坏动物的自然栖息地（如，用土地来务农、筑路或修建楼房）或引进一些外来的动植物从而给本地生态系统造成破坏。

一大群成百万只的信鸽在迁徙时，曾经把天空变黑；但因为人类的捕杀与它们在夏天的栖息地受到破坏，使它们灭绝。鲸鱼、鹦鹉、猴子、犀牛、海龟和大猩猩这些动物也同样处于灭绝的危险。当有动物灭绝时，也不知道生态系统中那些脆弱的部分将会受到怎样的影响。

动物大营救

在这个 4 人游戏里，当面临如栖息地受到破坏、污染和自然灾害的问题时，每个人必须尽力保证各自的 3 个种类的动物生存下来。

材料：21 张红牌；19 张蓝牌；30 张绿牌；4 套动物标志物，每套有 3 种动物（例如：画有动物和游戏者名字的硬币）；骰子。

步骤：

1. 每个人发一套动物标志物。游戏的目的是要保证每种动物都生存下来（例如：带着食物到达游戏板外）。当只有一个人留在板上，其他的动物仍活着时，游戏便结束。在到达板边前，谁拯救濒临灭绝的动物种类最多，他就胜利。如果有两个人拯救数目相同（例如，游戏者以相同的种类数到达板边），那么两人之中仍有活着的动物在板上的就赢。

2. 动物一出生游戏便开始。动物的出生及其出生位置由游戏者掷的骰子的点数决定。每个人一次可以拥有很多只动物，数目不受限制。

3. 轮流掷骰子。当标志物到达有颜色的方格时，游戏者就要挑选那种颜色的牌中最上面那张（注意：在开始前必须将牌洗匀）。

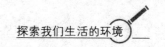

4.按照下列要求给牌分组：

红牌：表示提供帮助（前进）；表示遇到危险（后退）；表示提供保护（停在原处不动）；表示一种动物灭绝（从板上移走）。牌数计算：因栖息地被破坏而灭绝的（1张牌）；因核战争而灭绝的（1张牌）；在冰期灭种的（1张牌）；因冰河融解而灭种的（2张牌）；遇到狩猎法，前进两格（2张牌）；遇到"动物保护"，留在原处不动（3张牌）；遇到"水"暂停一次（3张牌）；遇到"地震"，往后退两格（4张牌）；遇到"火山爆发"，往后退三格（4张牌）。

蓝牌：表示天气情况，从而决定动物前进或后退。没有灭种牌。牌数计算：遇到"无风天气"，前进一格（1张牌）；遇到"暴风"，后退一格（2张牌）；遇到"洪水"，后退两格（3张牌）；遇到"旱灾"，后退三格（4张牌）；遇到"及时雨"前进两格（4张牌）；遇到"阳光充沛"，前进三格（4张牌）。

绿牌：由16张食物牌、7张污染牌和7张饥荒牌组成。当一只动物到达板边，游戏者已没有食物牌时，说明这只动物已饿死或灭绝。游戏者保留绿牌一直到以下两种情况之一发生：①饥荒牌消灭食物牌。当游戏者同时有一张食物牌和一张饥荒牌时，他们互相抵消，且

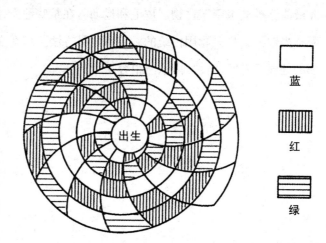

出生

蓝

红

绿

必须放回牌中再洗。②如果有3张污染牌，且当一种动物灭了种时，游戏者便被取消资格，并从板上移走，然后把他（她）的污染牌拿到牌中再洗。

 话题：栖息地　污染

　　所有在地球上生活过的生物，90%以上已灭绝了。科学家们相信灭种是所有生物的自然结果。一个种类的灭绝并不意味着它的衰退，这只说明世界在改变。一个种类的消失通常要经历几百万年。但是，种类灭绝的速度现在已经增长得很快——大部分是由于人类活动的加入所致。一百年前，每年大概只有一种生物灭绝，现在至少每天一种。

　　人类可以解决灭种问题。秃鹰、鹤和短吻鳄——还有一些种类——情况比几年前好多了。在19世纪60年代中叶，科学家总传说，太多的北极熊已被捕杀用于食物、皮毛和运动。在某些地方，北极熊的捕杀只限于当地人，且只能用传统的武器和狩猎方法。现在在一些地方，北极熊的处境已有所好转，但依然很容易受到伤害。

前人栽树后人乘凉

当我们失去树木时——尤其是大面积的，如热带雨林——动物也就失去了栖息地，空气质量也会受到破坏。现在就让我们一起来植树，为地球环境做贡献吧。

材料：树；铲，水；护根；桩；软塑料管。

步骤：

1.在当地的苗圃里选一棵幼苗。同时，找一个苗圃工：作者帮忙。问问什么种类的树长得既快，需要水分又少？什么种类更能吸引鸟和动物？什么种类最适合种在你所在的地区？所选的树苗需要什么样的土壤和多大空间？哪些地方最适合种它？

2.一些有关植树位置的建议：在建筑物的南面、西南面或西面种植在秋天会落叶的树。它们在夏天的几个月里可以提供树荫，在冬天，可以有太阳光透过（因为它们在秋天落叶）。在北面和东北面，种植结球果的树，因为在冬天，它们可以抵抗寒风。选择一个阳光充沛，泥土较疏松的地方种树。注意，土壤若太疏松便容易干；若不够疏松，就意味着潮湿，从而可能会使树根腐烂。树的上空不能有电线（因为当树长大后，电线会造成一个难题）。

3．当已决定了种树地点后，挖一个深与根球相当，宽是根球两倍的坑。

4．把树苗轻轻地放进坑里，然后小心地把根铺开。

5．把坑用土填到一半，然后用水把土淋湿，当水都渗入土里后，再把坑填满并用力压好。

6．在树茎周围铺上一层厚6—10厘米的护根，不能与树茎接触。

7．再浇一次水。

8．在树两边各打一个桩，离树大概30厘米远，把塑料管的其中一小段固定在桩上，然后在树茎上绕圈。管必须要把树撑牢，但不能绕得太紧，要使树仍可以弯曲。几个月后，当树足够强壮时，便可以把桩移走了。

9．要经常给树浇水，注意不要浇得太多。

话题：资源　植物生长过程　生态系统

树林是动物生活的场所。它们可以提供水果、坚果和种子，可以用来造纸和木材，可以提供树荫（一个树丛可以使它周围的气温降低6摄氏度）。树木可以防止地皮被吹走，并且利用空气中的二氧化碳为我们的呼吸提供氧气。但现在的问题是我们正在大量砍伐树木——所种植的仍不够弥补失去的。

"热带雨林"是生长在赤道附近，巴西、非洲、亚洲和澳大利亚部分地区茂盛的森林。在一些地方，如阿拉斯加东南部，也有冷雨林。植被在雨林里长得特别密，由于雨林中树多，所以它们可以影响全球的气候，同样，它们产生的氧气大约占全球的40%。

虽然雨林只占地球面积很小的一部分，但它们却是地球一半以上动物的家——由于森林的砍伐和烧毁，很多动物失去了它们的栖息地。据估计，我们每分钟失去100英亩的雨林，以这样的速度，相信在几十年内，足以破坏全世界的雨林，很多雨林已被砍伐和烧毁用来种植庄稼。但不幸的是，雨林的土壤不是很肥沃，所以几年后，农民不得不开拓更多的雨林继续耕作。大农场主把雨林变成牧场来养殖牛群，伐木工厂为了得到木材（如：为得到红木、柚木而砍掉大面积的雨林），同样，水力发电所筑起的水坝也在使一些雨林淹没于洪水之中。

热浪难耐

我们的地球正变得越来越热。过少的树木和太多的二氧化碳便是造成这个问题的部分原因。现在就来做个实验，探讨一下地球是怎样热起来的。

材料：两只一模一样的玻璃瓶，其中一个带有盖子；两块深色布；两支温度计；纸；铅笔；太阳光。

步骤：

1.把两只瓶子放在阳光底下，往每只瓶子里放一块深色布。

2.把温度计放在布上，并可以透过玻璃读出它的度数。

3.用盖子把一个瓶子盖好，转动瓶子使它们的盖子背向太阳。

4.观察温度计的变化，每隔一分钟记录一次，当温度接近温度计最大刻度时，停止实验，不然温度计可能会爆裂。

5.哪个瓶子里的温度上升得最快？快多少？为什么？这与温室有何相似之处？

6.改在一个阴天，做相同的实验。

7.扩展活动：在夏天的一个炎热的日子里，走进一辆已停在阳光底下很久，且门窗关紧的小汽车。当然，小车里面一定非常热——即

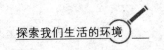

使外面的温度不是很高。可以说，这辆密封的小车就像一间温室。

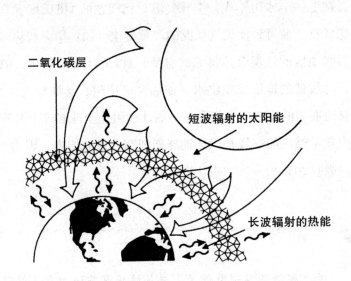

话题：污染　大气　生态系统　地球

　　在温室（用于培植植物）里，太阳光透过玻璃屋顶和墙进入里面，并转变成"热射线"。热射线与光线形成不同，不能透过玻璃再从室内出去，因而使温室保持温暖。"温室效应"或"全球性升温"指的就是地球逐渐变热的现象。原因是现在空气中二氧化碳的数量已是100年前的2倍，从而使大气层热量过多。全世界成百万的汽车和工厂正在燃烧矿物燃料（如煤、汽油），导致空气中二氧化碳含量越来越多。同时，具有吸收二氧化碳能力的树木也正成万棵地被砍伐。

　　20世纪，全球气温已平均上升了0.5摄氏度还多。20纪最热的6

年出现在80年代。全球气温即使只是变化几摄氏度，却足以引起世界巨变；在上一个冰川年代，全球气温只比现在低3摄氏度。全球升温1—4摄氏度，便可致使天气状况的严重变化（如：旱灾和热带风暴增多，温暖地区的气温会热得无法忍受），极地冰帽的融化，海平面的上升，海拔低的地区发生洪水（如佛罗里达州、孟加拉人民共和国）和栖息地面貌的改变。我们要怎样做才能阻止全球温度上升呢？办法是减少化学燃料的燃烧和保证地球能拥有大量的树木，因为1棵树每年可以吸收20多公斤的二氧化碳。

　　取1棵活圣诞树做例子。每年植物育苗场都在圣诞节销售小型的常绿植物，用于室内装饰，等节日过后，它们就会被移植到室外。可见，活圣诞树有着双重好处：即当砍下1棵时，便意味着种两棵。

空气不空

在空气中存在着我们不需要的东西。用空气微粒收集器将使空气的污染物更易被肉眼看见。

材料：几个喝水用的玻璃杯或塑料杯；同等数目的金属罐，把底和面去掉；矿脂（如凡士林）；胶带纸；放大镜；纸；铅笔；手电　　筒——任选。

步骤：

1.你周围的空气干净吗？在室内和室外选择几个实验地点。一些地点必须是你认为空气非常干净的（如你的教室、后院）。其他则应是有污染问题的地方（如：在繁华的街道边、建筑工地附近、壁炉附近）。

2.在每一个实验点放一个空气微粒收集器。只要在玻璃杯外面涂一层薄薄的凡士林便造成一个收集器了，在一小段带子上写上测试地点的名字，并把它贴在杯里面。然后把杯倒置放在测试点上。用金属罐把玻璃杯围住（罐壁可以阻挡地面的灰尘接触杯子）。一些收集器应该置于地面上，而其他则应放在较高处。若可能的话，室外的收集器应放在雨水不能浇到的地方。

3.每天都要查看你的收集器，且要坚持一个星期，如果天要下雨，必须把有可能会被雨浇湿的收集器拿到室内。当检查收集器时，用放大镜迅速观察杯的外表。当你刚在杯子上涂凡士林时，杯子是什么样的？第二天后，它有何变化？一星期以后呢？

4.一个星期后，把所有的收集器都集中到屋里，并用放大镜作近距离观察。你可以用手电筒把杯里面照亮，以便微粒更易被看见，哪一个收集器附近的微粒最多？哪些微粒看上去"不自然"？

5.在每个杯子上划出0.5平方厘米的地方。然后用放大镜，数出每个正方形内的微粒数。如果微粒数小于或等于15时，则说明空气未受到微粒的污染；如果数目多于100，则说明空气受微粒污染很严重。在每个杯子上再划一个方块，比较前后划的方块中微粒的数目。前后数目一样吗？为什么？哪个实验点受的污染最严重？

▮▮▮ 话题：污染　大气　测量

空气资源并不是像人们想象得那么丰富。覆盖地球的大气层只有大约15公里，情形就好像一根头发附在直径为45厘米的小球上。在这个大气层里，只有开始的5公里-6公里含有足够的氧气供大部分活着的生物利用，尤其是人类。要是我们继续污染地球周围这一层薄气体的话，最终它将失去对我们的保护作用。

空气污染物可以由看得见的气体、看不见的气体和微小颗粒（如煤灰）组成。在空气中，通常有气体和微粒存在（如氧气和花粉），但是造成空气污染的是那些影响我们周围的空气质量，对环境有害，或者在高度浓缩后进入大气的气体和微粒。空气污染的一个简单例子就是垃圾燃烧时产生的烟，它们使空气变得难闻且使呼吸困难。有关主要以二氧化碳形式进入大气的碳元素的例子则比较复杂。矿物原料（如煤、石油）的燃烧已经大大地增加了大气中二氧化碳的含量。

烟雾来了

当在某种天气条件下，空气中有烟雾产生时，空气的污染情况便可以更容易地被看见。在这个实验中，你可以在一个瓶子里制造出烟雾。

材料：玻璃瓶；水；铝箔；两或三块冰块；直尺；剪刀；火柴。

步骤：

1.这个实验必须在大人的监督下进行，并且注意不能吸进所制的烟雾。

2.剪一条15厘米×1厘米的纸条，把纸条对折起来并搓捻。

3.用铝箔为瓶子口做一个盖，然后把余下的铝箔拿开放好。

4.往瓶子中加水并转动，以使其内壁湿透，然后把水倒掉。

5.把两或三块冰块放在铝盖上使其降温。

6.把纸条点燃，并把它同火柴一起扔进瓶里。用铝盖把瓶口封紧，冰块依然放在铝盖中间，这些步骤必须要迅速完成。

7.你能观察到瓶子里有什么现象吗？真正的空气中的烟雾是这样的吗？当实验完成后，把瓶里的烟雾释放到室外。

8.扩展活动：当地的报纸或气象频道有关于你所在地区的空气污

染指数或与污染有关的其他形式的报告吗？把几天的有关这方面的消息记录下来，观察它们变化的情况。

"臭氧"是由3个氧原子组成的一种无色气体，它不同于我们常接触的由两个氧原子组成的氧气。它是汽车或工厂造成的污染物的一部分。在地面附近，它是比较危险的烟雾成分之一，但是在距地面16公里~40公里处，它形成了可以抵挡杀伤力最强的紫外线保护层（皮肤变黑便是这些紫外线所致），污染地面空气的臭氧不能进入臭氧保护层。人类制造的气体，如"氟利昂"——用于一些隔离材料、床垫、食物包装、空调和冰箱冷却剂以及电子设备清洁剂——正在破坏臭氧层，使其产生一个窟窿。"氟利昂"要经过，100年才能从环境中消失。所以我们应该少用以上物体，同时也应该尽可能少在地面范围内制造出臭氧。

话题：污染　大气　天气状况　化学反应

烟雾是由于地面附近的烟尘与化学物质大量聚集而产生的。"烟雾"这个词最先出现在19世纪初期，用来描述那些经常笼罩在英国伦敦上空的浓雾，伦敦的烟雾是由空气中的湿气凝结在尘粒上而形成的烟雾小颗粒。今天的烟雾同样含有被太阳"烘干"了的化学物质。天气情况，如风小或"热倒置"均可以使烟雾在一个地区聚集起来。"热倒置"产生时，暖空气停在地面附近的冷空气上方，从而阻止了烟雾的上升和分散。城市附近的山脉同样可以使烟雾聚集在某个地方。

烟雾是一种看得见的空气污染。同样，还有很多我们看不见闻不着的空气污染。其中一些是由有毒的化学物质组成的，其他的则是由自然界产生的气体，如二氧化碳组成的，当二氧化碳过多时，便是一种危害。空气污染对人类、动物、植物和建筑物都可以造成危害。

快丢给我

汽车排出的废气中含有增加地球温室效应、烟雾和酸雨的看不见的气体。现在让我们来做一个小实验，就是用一个袜子做一个近距离的观察，看看从汽车排气管排出的是什么东西。

材料：一只白袜子；汽车；放大镜。

步骤：

1.这个实验必须在大人的监督下在室外进行。保证排气管不热（车要最近都没有开动过）。注意不要呼吸汽车排出的废气。

2.把一只白袜子套在排气管的末端上。

3.叫一个成年人把车开动并行走大约1分钟。然后把车停下来，接着叫这个成年人把袜子从车尾管上拿下。

4.在袜子上我们会看见什么呢？

> 噪音也可以被认为是一种"空气污染"。吵闹的音乐、工厂和建筑用的机器及喷气式飞机都可以给空气造成污染。过多的噪音可以使人神经紧张，听觉失灵，睡眠困难，引起头疼以及各种疼痛。

用放大镜仔细观察袜子。想象一下，成百万辆汽车都把废气排到空气中的情形。为什么这是一个严重的问题呢？

5.扩展活动：把不同类型（牌子和生产日期不同）的车排出的废气比较一下。当汽车的引擎调到最好时会有什么不同？

话题：污染　能量　资源

我们通过燃烧矿物燃料来获得大量的能量。矿物燃料是一种很有限的资源，它在地球上的储量是有限的，经过成百万年的时间后，被一层层泥土和岩石所覆盖的一层又一层死了的动植物便会在适当的热与压力条件下，变成矿物燃料——煤、石油和天然气。当这些化石燃料被燃烧时，存在于它们里面的碳便会以二氧化碳的形式释放出来。

汽车是造成地球空气污染的罪魁祸首。它们使用的是以汽油和燃料油形式存在的矿物燃料。汽车排出的废气中含有污染空气的看不见的气体（如：二氧化碳、一氧化碳、碳氢化合物和氮氧化合物）和微粒。美国拥有的汽车数量——多于1400万辆——比世界任何别的地方都要多。在一些国家，很多人用自行车代替汽车。例如：在日本，有专门用来停放自行车的停车场，从而可以使人们骑自行车去上班。其他一些重要的污染源便是工厂（燃烧矿物燃料为生产过程提供热量的工厂）和靠烧炭产生动力的工厂。

大水勿冲龙王庙

酸雨是空气污染造成的恶果之一。对你所在地区的降雨及其他类型的水样的 pH 酸碱度进行测量。

材料：干净的容器；石蕊试纸（可测出小范围变化的）；各种测试物质（乳剂氧化镁、小苏打溶液、牛奶、番茄汁、醋）；雨水；各种各样的水样品。

步骤：

1. 用石蕊试纸测出各种测试物的 pH 酸碱度。把试纸的一端在测试物中浸几分钟，这时试纸的颜色会慢慢改变。把测试得到的颜色与印在装石蕊试纸的盒子上的各种颜色进行比较。哪些测试物呈酸

pH	测试物		
14.0			
13.0	从木灰中滤出的碱水		
12.4	石灰水		
11.0	氨水		
10.5	乳剂氧化镁		碱
8.3	小苏打		
7.4	人的血液		碱性
7.0	中性——蒸馏水		
6.6	牛奶		
5.6	纯净的雨水		酸性
4.5	西红柿		
4.0	白酒、啤酒		
3.0	苹果		
2.2	醋	雨	酸
2.0	柠檬汁	酸	
1.0	酸性电池		
0.0			

性？哪些呈碱性？

2.在下雨前，把一个干净的容器放到室外远离树木和建筑物的地方。在收集到一些雨水后，用石蕊试纸进行测量。要是pH酸碱度比6小，那就说明你所在地区没有酸雨的问题。

3.收集各种类型的水样品（自来水、池塘里的水、小溪里的水、湖水、小水潭的水），逐一测量它们的pH酸碱度，并进行比较。注：放置时间长的水可能会含有有害的细菌。千万不要接触或饮用所收集的水样，并且在测试完后要把手彻底洗干净。

话题：污染　空气　化学反应　测量

物质酸性或碱性的强度可以通过"pH刻度值"测出。其刻度范围是从0到14。7是中点。当溶液pH酸碱度小于7时呈酸性。pH酸碱度越小，酸性越强。若pH酸碱度大于7则呈碱性。由于刻度是采用"对数"记数法确定的，所以每个整数之间都是以10的倍数增加。也就是说，pH值为6的溶液比纯净水（pH酸碱度为7）的酸10倍。

通常情况下，雨水都呈一点酸性。它的pH酸碱度大概在6。但是，在地球的一些地区，雨水的PH值是3或者4。"酸雨"这个词就是用来描绘各种从天空中落下的已经完全呈酸性的物体：如霜、露、水、雾、雨、雹、雪。工厂燃烧煤或者石油时会释放出很多气体，包括二氧化硫。在大气中，二氧化碳可以与水蒸气反应生成硫酸。汽车排出的废气中含有氮氧化合物，它们可以在空气中反应生成硫酸。这些硫酸随后又会随着各种下降物回到地面；有时，它们甚至可以在干燥的天气里以尘状小微粒的形式降落到地面。如果在下阵雨时，你出去漫步，你是不会受到任何伤害的。但是，酸雨造成的各种间接而长期的影响却是后果严重的。酸雨可以杀伤植物和鱼，破坏建筑物和道路以及弄脏公众用水。

植物和酸雨的对话

酸雨对生物——动物和植物的长期影响是难以想象的，现在我们用三盆种在盆内的植物做一个实验。

材料：3盆种类相同、健康的小棵植物；3只有盖的大瓶子；醋；水；量杯；胶带；纸；钢笔。

步骤：

1.往第1只瓶子里装入960毫升的自来水，然后用胶带纸标出"自来水"。

2.往第2只瓶子里装入60毫升的醋和900毫升的水，然后用胶带纸标出"较酸"。

3.往第3只瓶子里装入240毫升的醋和720毫升的水，并用胶带纸标出"很酸"。

4.分别给3盆植物标明"自来水""较酸""很酸"，然后用标有相应标签的水去浇植物。

5.把3盆植物放在同一个地方，以使它们得到等量的阳光。根据植物的需要给它们浇水（每隔2—4天）。对植物每天进行观察。把它们的情况记录下来：它们是什么颜色的？叶子有没有枯萎？它们看上

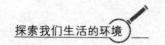

去健康吗?

6.用酸性溶液浇的植物有什么现象发生呢? 要多久酸对植物产生的效果才能看得出来? 植物在颜色上有什么变化? 用"很酸"溶液浇的植物受的影响是不是最严重? 为什么?

话题: 污染 生态系 植物生长过程 科学方法

酸雨造成的影响可能不会马上被发现。例如: 一瞥之下,湖看上去可能既美丽又清澈。但是,当你走近去看时,可能会发现一些问题。怎么不见鱼呢? 为什么这么少或者根本没有植物? 青蛙跑到哪里去了? 由于酸雨,湖水已经变酸,生物都死光了。大自然可以对一些酸度上的变化进行调节。一些拥有石灰石或砂岩(它们可以和酸反应)的地区可以中和变酸了的雨水,从而减少危害。但是,地球的大部分地区都没有这种处理酸雨的能力。总之,没有地区可以解决处理大量酸雨。

酸雨可以在很多方面影响植物。它可以减少土壤中营养物的含量造成植物停止生长。它使树木变得很脆弱,更易得病。在树顶的树枝会脱掉叶子。树叶的颜色会变得反常。每年树木的叶子会变少或者更早地失去树叶。最后,树木便会死去。在这个用种在盆里的植物做的实验里,用来浇植物的水越酸,植物死得越快。用来浇植物用的溶液的pH酸碱度比雨水的pH酸碱度稍低。但是,雨水却在一直变酸。

每年春天，很多地区都会经历"酸雨"，当雪一融化，贮藏在雪堆里的污染物便一下子被释放出来。雪融化成的水经测量，比标准的水要酸100倍。这种情况正好发生在对大部分鱼和两栖动物最不利的时候——产卵期。

水的酸度以不同的方式对各种动物造成影响。在PH值为6，不足很酸的条件下，一些鱼，如湖里的鳟鱼和小嘴鲈鱼，它们的生殖便会变得很困难。一些蝌蚪和蜗牛甚至不能生存下去。在pH酸碱度为5的酸性条件下，大部分小龙虾、小溪里的鳟鱼、白星眼梭鱼和牛蛙都会死亡。

楼阁总在酸雨处

大约已有几千年历史的雕像现在正在受到酸的侵蚀，现在就让我们一起来探讨酸雨是怎样影响一些雕像和建筑物的。

材料：粉笔；两只小碗；水；醋；直尺；胶带纸；钢笔；柠檬汁——任选。

步骤：

1.用胶带纸分别给两只碗标出"水"和"酸"。

2.往每只碗里放入一段大约三厘米长的粉笔。

3.在标有"水"的碗里加入自来水，往标有"酸"的碗里加醋。

4.观察几分钟后，这两只碗里会有什么现象发生呢？在标有"酸"的碗里，有气泡产生吗？在标有"水"的碗里呢？

5.把碗放一个晚上，不管它。到第二天早上，你咋会看见标有"酸"的碗里有气泡吗？把粉笔从两只碗中取出。是否有一段比另一段小？为什么？

6.按以下要求对实验稍做变动？把醋用柠檬汁代替，此外，用酸把粉笔浸泡，观察是否有气泡产生，然后把酸倒出，再加入水。这时，气泡会停止产生吗？

话题：污染　化学反应

　　酸雨影响一些石头或金属建筑物和雕像的道理与醋对粉笔的影响的道理是一样的。粉笔就相似于一种叫"石灰石"的岩石。一些建筑物建造时使用了石灰石，石灰石同样可用于雕像及纪念碑的建造。大约有几千年历史的希腊雕像便是由石灰石雕成的，控制酸雨的唯一办法便是减少空气污染，因为它是造成酸雨的根源。

　　拥有很多工厂的区域有可能不会马上或直接受到酸雨的影响，污染物从高大的烟囱排出，并在高处进入大气。这之前，这些污染物已进行了造成酸雨根源的化学反应，最后它们便随风飘浮。

　　粉笔是一种"碳酸钙"矿物。酸可以侵蚀碳酸钙。当酸与碳酸钙反应时，含有钙离子和二氧化碳气体以及别的物质生成，在装了醋（一种弱酸）的碗里，粉笔上生成的气泡便是二氧化碳。

愈少愈好

如果我们能少用能源，我们就能减少空气污染和其他有害环境的因素。下面是三种可供你着手进行的节约能源的实验。

材料：光滑纸巾（或其他轻质纸）；剪刀；长铅笔；胶带；两个容积相同的瓶子，其中一个有盖子；水；量杯；秒表或可以准确到秒的手表；炉子。

步骤：

1.观测气流：在多风、寒冷的天气进行此实验。剪出一块规格为15厘米×13厘米的纸巾，用胶带把窄的一端沿着铅笔贴好。把制好的检测器移近稍打开的冰箱。它在微弱的气流下飘动了吗？把它移近窗子和门（四周或底部），壁炉或任何一个你认为含有气流的地方，在有气流的地方，热量就会很容易散掉，怎样才能堵住这些漏缝呢？

2.数灯泡：你的家用多少个照明灯泡？数一下里里外外所有的灯泡，现在设想一下成百万的家庭都用相同数目的灯泡，那得耗费多少的能源啊！

3.用水做实验：这项活动应在家长的监督下进行。在每一个瓶子中倒入500毫升水，将一个盖上盖，另一个不用盖。把两个瓶子都放北美人每年用去20亿节电池，而制造一节电池所耗费的能量是一节电池所能提供能量的50倍。电池含有有毒的物质，如：镉、汞、铅和硫磺酸。当电池被制造出来和被丢弃的时候，很多化学物质就遗留在了大自然里。所以，电池被认为是"有害性废品"，不应该扔到固定垃圾站，而应被放入指定地点。请尽量使用不需要电池做能源的东西，比如太阳能计算器。并且，要购买可反复利用的充电电池。

在炉子上，处于完全受热状态（不存在热量浪费）！同时加热两个瓶子，确保二者受热程度相同（如都在"高档"上），哪个瓶子里的水先沸腾？为什么？哪一个耗费了更多的能量？

话题：资源 能量

许多能量都是通过燃烧燃料来获得的，这正是空气污染的主要原因。如果我们使用较少的能源，如果我们节约，我们就能减少污染。相反的，我们一直在浪费大量能源，当你扔掉两个铝罐，你就"扔掉"了那些为制造它们所投入的能源；并且还要用更多的能源来再制这些铝罐，用来制造两个新铝罐的能量可以制造20个再循环的罐子，生产一页新纸的能量可用来生产两页再生纸。节约能源意味着更高的效率，意味着更明智的选择。

思考一下你可以在家里节省能源的方法。比如，你能穿上毛线衫保暖，而不升高温度吗？在寒冷的季节里，我们在家中所使用的一半以上的热量用来取暖，其中的一半以上又被浪费掉了，在门缝中，在窗框中，通过阁楼，穿过烟囱，热量都可以跑掉。如果我们堵住所有的漏缝，我们就能用现在温暖一个屋子的热量去温暖两个屋子。如果你不在房间里，灯还有必要亮着吗？功率为一百瓦的灯泡亮一整天，持续一年，所需的能量相当于燃尽400千克煤所产生的能量。典型的灯泡也是一个大浪费者，因为90%的能量都以热的形式散失掉了，有一种叫作压缩荧光的灯泡可以代替常规灯泡，它只需要后者所需能量的25%就可持续照明达后者的10倍以上。你经常在不需要开冰箱的时候开冰箱吗？你每次开多长时间？平均冰箱每天被开22次，一年就超过8 000次，你每次开冰箱让暖空气进入，它都得用更多的能量才能重新制冷。

风中摇曳

科学家们在努力研究不危害环境的能源。现在用不同的片状材料和,卜风车来探索风能的奥秘。

材料: 几种不同重量的平坦物质(如蜡纸、书写纸、绘图纸、卡片、塑料片、薄金属片、薄木片);直尺;剪刀;粗线、锡片和电锯;硬纸;带橡皮头的铅笔;大头针。

步骤:

1.将每种材料剪成边长为15厘米的正方形。在每一条的顶端打两个洞,再用一根长粗线把它们挂起来。两人各持一端,将其置于微风中,哪些很容易随风摇摆?为什么?哪些在风中狂舞?哪些保持不动?

2.从纸上剪下一张边长为10厘米的正方形,如图所示,把正方形剪开,每条线的内侧端点距中心1厘米。将每一片的另

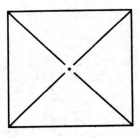

一点扳回按于中心处，用大头针穿过，把它固定在铅笔的橡皮头上。

3.把这个小风车拿到风里，它转得起来吗？逆风试一下。你如何能让它转得快一些（如：持着它在风中跑）？

> 海洋能够用来发电，海峡风暴一类的洋流能在深水处驱动涡轮机，或者当特殊的木筏随着海浪起伏时，它们能够运转发电机。大坝也可跨海湾而建。当坝后的水随潮而涨时，流过大坝的水就可以使涡轮机转动。

话题：能源 资源 天气状况 电

煤和石油一类的能源是不可再生的，因为它们在地壳中的含量有限，一旦用光，也就没了，我们可以永远利用的能源是"可再生能源"或"选择能源"。除了燃烧燃料，现在还有两种方法用来生产大量的能源。全世界多于16％的电能由核能产生。核能——产生于原子分裂——不会向空气中释放可见的气体，这表明它并未参与酸雨或温室效应的产生。不过，它确实会产生少量的放射性废物，而这些废物对生命体极为有害。在核废料失去辐射能力之前，它们必须被安全置放几千年，核能不是可再生能源，因为可供核电厂使用的铀很少。水电站是利用下落或流动的水来发电的，水从高处下落到低处时，它能驱动巨大的发电机，遗憾的是，并不是所有的河流都适合建水坝，而且水坝还会导致洪水。

其他的可再生能源——风能、潮汐能、生物能、地热能、太阳能——目前尚未被广泛使用。比如，几百年来，风车被用于提水、磨面。现代的风车设计成即使是在极其微小的风中也可以运转，还同发电机连在了一起，加利福尼亚有一个巨大的"风农场"来发电。可它存在着噪音和占地面积太大的问题。我们没有"单一"解决能源问题的方法。我们需要把许多解决方式组合起来，并且可能从大的发电站转为小的地方"能源单位"，以此来利用那些适合当地的可再生能源。

太阳能的能量

太阳是光和热的来源。太阳能无污染、安全，并且取之不尽，现在我们来做个收集太阳能的实验。

> 生物能存在于植物或粪便一类的有机物质之中。有时候，这种能量可以直接获得，如燃烧木头。能量也可由细菌分解粪便来间接得到，分解产生的沼气可用做汽车燃料或通过燃烧来产生热量。

材料： 两个铝箔制的馅饼罐，一大两小，大的和一个小的内部漆上黑色；两个量杯；两个温度计；塑料盖；水；纸；铅笔；阳光。

步骤：

1.决不能直视太阳，那会灼伤你的眼睛。

2.在一个量杯内装200毫升的水，并侧出其温度，记录下来。将100毫升水倒入普通的小罐，将另外100毫升倒入漆成黑色的小罐。小心用塑料盖盖好每一个小听，让阳光直射20分钟，你认为哪个小听里面的水会更热一些？

3.20分钟后，小心而又迅速地把水分别倒入两个量杯里，并测出温度记下，在漆成黑色的小罐和大罐里分别倒入100毫升水，仔细盖好塑料盖。让阳光直射20分钟。你认为哪个听里面的水会热一些？

4.在量杯中倒入200毫升水，测出水的温度，并把它记录下来。然后把其中100毫升的水倒入一个漆成黑色的小罐内，另100毫升倒入一个漆成黑色的大罐子里。用塑料盖仔细盖好每个罐子，让阳光直射20分钟，你认为哪个罐子会使水温升得更高？

5.20分钟后，小心、迅速地分别将水倒入两个量杯，并分别测出温度。用此温度减去起始温度。大罐里的水比小罐里的更热吗？温度高多少？为什么？

6.变化：试验一下其他方案，如改变水的深度，或变换塑料盖的有无。

话题：能量　测量

人们利用太阳给水加热已经有数百年的历史了。今天，一些人在家里使用太阳能收集器给水加热。一个收集器是由一个带有透明玻璃或塑料顶的浅盒子组成的。阳光穿透玻璃，热量就被留在了盒子里，就像温室一样。收集器后部的黑色金属挡板吸收的太阳的热量，空气或水在挡板处流过，可用来室内取暖或制取热水。用光生伏打电池可以成功地把太阳能转变为少量电能。这种电池通常是用硅制的，这种物质只能单向导电，太阳能驱动电子使它们离开在硅原子中的正常位

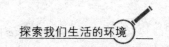

置，于是电子流动就形成了电流，这种电池可用于计算器的电源，然而，这种电池并不适合于大量的用电。另外，硅非常昂贵，而需求量又很大，我们在利用太阳能时所面临的另一个问题是：一旦没有阳光，种种措施都将不起作用。

要想高效率地收集太阳能，有一些基本要素。漆成黑色的罐子能比普通的罐子吸收更多的热量，因为后者的光亮表面反射掉了较多的太阳能。大罐比小罐能使水温升得高一些，是因为较大的表面积可以收集更多的热量。大罐中的水热得更快则是因为它里面的水不像小罐子里的那么深。

当厨房遇见太阳能

并不只是简单地收集太阳能，现在用太阳灶将太阳的光集中，就可烹调果汁软糖了。下面是两款太阳灶的设计方案。

材料：搅拌机或沙拉碗（木制的较好，因为它们没有塑料或玻璃碗那样一圈围绕的浅底）；铝箔；双面胶；20厘米×35厘米的弹性卡纸片；一米长的细绳；剪刀；果汁软糖；长餐叉或烤肉叉；橡皮泥——任选。

步骤：

1.绝不要直视太阳或其集中的反射光，那会永久性地伤害你的眼睛。

2.方案一：把铝箔垫在碗的内壁，光亮的一面朝外，用几条双面胶将其固定，将铝箔紧贴碗内壁，使其内可能的光滑。

3.方案二：将弹性卡纸片的一面用铝箔贴好，亮面朝外，并用双面胶固定，将卡纸弯至半圆，使有铝箔的一面成为内壁，用细

线将弯后的半圆体绕两圈，并在背面打结。

4.将两个太阳灶面对太阳，你可以用橡皮泥制成底座来支撑它们，并调整其角度，找到每个太阳灶的焦点，即太阳光线汇聚的一点。不同的太阳灶有不同的焦点。找碗状太阳灶焦点的时候，你可将伸开的手掌慢慢伸向碗中，直到你感觉到了焦点为止。绝不要将手伸至焦点处！你大概会发现卡纸太阳灶的焦点接近细绳中央，位于靠近铝箔处。

5.将软糖插入长烤肉叉上，将其放在每个太阳灶的焦点处，哪个太阳灶加热的速度快？你能将其改进使其更完善吗（如：改变卡纸的弧度）？

话题：能源　光

只要你选择了一个干燥、温暖的日子，在人行道上煎熟鸡蛋是可能的，只不过烹调的过程会需要一段时间，用太阳灶会省事多了。你可能早就会用放大镜来聚光使纸片燃烧，而太阳灶上的弧形反光面起的正是相同的作用：它将阳光集中于灶中心附近的焦点。碗状太阳灶的效能取决于碗的大小及形状；而连续的曲面能较好地汇聚平行的阳光，这两个自制太阳灶的效能依赖于铝箔贴面的光滑程度。同时，注意那些你力所不及的事情，如太阳的移动（此项你可从太阳灶的阴影变化得知），随着太阳的移动，太阳灶的"焦点"也在移动，因此要相应地调整太阳灶，最理想的是，反射面应总是朝向太阳。

地热能来自地核，那儿高达摄氏6000度的高温足以融化岩石。地核上面的多孔岩里含有灼热的水，它们有时像喷泉中的热流一样从地表喷涌而出。这灼热的水流可用于驱动发电机，热水也可桶装后用于取暖。

净化水世界

太阳是自然循环中很重要的一环，因为它为人们提供了纯净的饮用水。现在让我们利用太阳能来净化泥水。

材料： 大平底锅（或盘锅）；比平底锅矮的塑料杯或喝水用的玻璃杯；塑料盖；几颗干净的弹珠；一块岩石或大理石；胶带纸；泥水。

步骤：

1.在平底锅中倒入约40厘米深的泥水；将杯子放在锅中央，底部放入几颗干净弹珠，使杯入锅底。

2.将平底锅用塑料盖盖好，但要留一定的缝隙，用手指蘸少量的水涂抹锅沿一周，使塑料盖和锅沿得到密封。可用胶带纸帮忙固定塑料盖。

3.在塑料盖的中央放一块石头或一颗弹珠，这样就使塑料盖形成了一个凹面。注意不要让塑料盖接触杯子。这样一来，凝结在盖上的水珠就会滴入杯中。

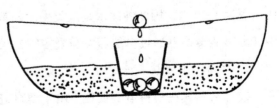

4.将制成的蒸馏器放在阳光下。几小时后，杯中就会收集到纯净水了。

5.变化：如果你急需纯净的饮用水，知道如何制作一个应急蒸馏器是很重要的。首先，在地上挖一个足以放一个洁净容器的坑，再在容器周围放上充足的新鲜、多叶的绿色植物。然后，把一块塑料盖展平覆盖在坑上，再用石头或土将其四周密封。在盖子中央放上一块石头，使盖片向杯子处下坠。同理，凝结在盖子上的水就会流入容器中。每天换一次植物。当你不再需要这个蒸馏器的时候，记得要将坑填满，使它恢复成原来的样子。

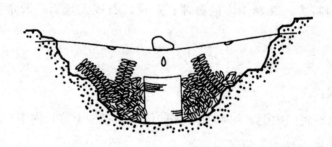

话题：资源　物质的状态　植物的生长过程

在没有食物的情况下，一个人可以活30天；可若是没有水，时限便缩短为3—4天，因此纯净水是人类生命的基本要素。在上面的实验中，太阳能蒸馏器通过自然蒸发与凝结的方式来净化水。首先，阳光使容器中的泥水受热，于是水就变成了水蒸气逸走，把泥沙留了下来。接着水蒸气在塑料盖上聚集。由于塑料盖外面的空气比较凉，水汽就凝结成水珠，滴入下面洁净的小容器中。应急蒸馏器正是应用了植物蒸腾水汽的过程。当植物的根吸收了土壤中的水分后，植物的表面就将其蒸发——水分通过植物的干枝到达叶片，然后就从叶片表面的小孔蒸发入空气中。

我们周围有很多水，但大部分是咸水。我们可以除去水中的盐分，但整个过程耗资巨大。虽然极冰中含有清凉的水，但我们既不能去"喝"冰也不可能去融化极冰。这样一来，世界上只有3%的水是适于人类使用的。这些水存在于湖泊、河流、小溪及地下。"地下水"被岩层或沙层所覆盖，存在于地表深处，它被抽出后贮存于井中，供人使用。世界上绝大部分的人依靠地下水生活。

穿行而过的水滴

净化人类用水的第一步是滤去水中的较大的杂质。下面，让我们试着净化不同种类的水样品。

材料：收集水样的干净容器；干净的瓶子；纸巾或滤纸；漏斗；放大镜；不同种类的水样；雪——任选。

步骤：

1.收集不同的水样（如浴室、湖泊、水坑、雨水）。仔细观察每份样品的纯度、颜色及气味，再用放大镜观察一下水中的杂质。注意：死水里含有危险的细菌，因此不要接触或饮用任何你所收集的样品，并且在试验后彻底清洗双手。

2.过滤能除去水中的固体杂质，这是净化的第一步（但仅仅过滤是不能使水纯净到可以喝的程度的）。首先，用纸巾制作一个过滤器——将巾对折，长边与长边重合；再对折，使其成为4个部分，将其中的3片折向对边；将纸巾翻过

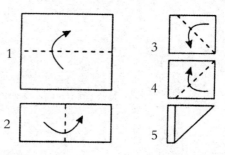

来，将余下的一片也折向对边；将单片的一片拉开，使之成为一个圆锥体（锥体底部不可以有洞）。

3.将过滤器放入漏斗，再将漏斗放入瓶口。使水样流过漏斗。每过滤新水样时，清洁瓶子和漏斗，并换上新的过滤器。过滤后的水样与原先相比有什么不同？用放大镜观察滤纸上留下的杂质。比较不同水样使用的滤纸。大多数滤纸上都有杂质吗？杂质相近吗？

4.扩展活动：雪有多干净？下雪时，在远离树木和建筑物的室外放一个洁净的容器，当容器中存满雪时，把它拿入屋内。在容器上盖好盖子，以免灰尘进入。待雪化后，将雪水过滤。用放大镜观察过滤后的雪水及滤纸。

▌ 话题：污染　资源　雪

即使是在最好的自然条件下，水也不可能是完全纯净的。它含有沙粒、尘埃，各种各样的盐以及微生物，这些是必须被滤出的。通常，水被严重污染，所以过滤只是复杂净化过程中的第一步。更麻烦的是，有的水已被污染到几乎无法净化的地步。不干净的水不但会危害人类，还会危害动物和植物。虽然有些鱼类能在被污染的水中生存，可它们的身体里已充满了化学物质，人吃了它们会很危险。水污染还会淤积河流、池塘，滋生疾病和破坏大自然的美丽。

净化水的过程包括很多阶段。自然界中的水循环系统包括蒸发和凝结两部分：河流湖泊中的水受热，蒸发入空气中；水蒸气凝结，并结合空气中的小微粒形成小液滴；云开始形成，当小水滴大到一定程度就形成了雨，落到地面。人类也在此过程中尽一己之力：水净化厂在河湖或地面上取得水，将其过滤后净化（可能会用氟或氯）；抽水站将水抽入管道，管道再将水送至用户处；水被用于饮用、做饭、洗涮或卫生间；用过的水流入下水道；污水管将水送至污水处理厂，而粪便一类的污物在水流入自然循环之前就已经被除去了。

水与卫生间

水资源是有限的，因此节约用水非常重要。我们应该知道卫生间怎么会比其他地方需要更多的水，以及为什么有许多水被浪费掉了。

材料：砖块或其他较重的物体（如装有石块或水的塑料容器）；食用色素。

步骤：

1.观察马桶：由家长启开马桶水箱的盖子，仔细观察当你放水冲马桶时，马桶是如何工作的，箱内操作杆的起伏方式及水是如何从水箱流入马桶中的。

2.减少贮水量：将砖块或其他重物放入水箱，使其占据一定的空间（注意不要妨碍水箱内部的机械运转）。这样一来，水箱的容积就变小了，马桶也就可以少用一些水。

3.避免渗漏：在水箱中倒入10-15滴食用色素，并注意不要让任何人在这时冲马桶。大约20分钟后，检查水箱中的水，你看到色素的颜色了吗？如果看到了，那表明水箱在漏水——应该修修它了。

当你节约热水的时候，你同时节约了水和能量。住宅区所用的水是凉的饮用水，它是由水管接入用户处的。水管分两个分支：一个分支将冷水送至所有的"冷"水龙头处，而另一个将水送入热水箱。水箱能容纳将近200升水，而水箱中的热水器将一直工作到水变热。热水流出水箱后，冷水取而代之，然后热水器将重新往复工作。由此可见，制取热水需要很多能量，因此我们应节约使用。比方说，洗衣服时，可以用冷水代替热水来漂洗衣物。

话题：资源

我们需要使用大量的水，如每天农业、工业和家居生活都要用去很多水。北美人平均用水量是大约300升／天。其中马桶用去了大部分的水，洗澡则位居第二，剩下的很小部分用于饮用、烹调和清洁。这里面，很多水被浪费掉了。举个例子说，每次冲马桶你大概用掉20升水，而这些水是和饮用的水一样清洁的。洁净的水先是流入马桶后部的水箱，当你冲马桶时，水又从水箱流入马桶，将其冲洗干净后流入下水道，此时水箱又被新水充满。很多马桶在使用时都会浪费水，而一些简单的节约措施能起到弥补的作用。你知道现在北美20％的马桶都存在渗漏的问题吗？可大多数人甚至不知道他们的马桶正在漏水。只需一年，一个漏水的马桶就会浪费几千升水。

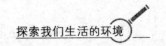

下水道中的水

无论在什么地方，每个水龙头都是一个潜在的水源浪费者——由于放水放得太快、太多或关闭不严而漏水。让我们人人都做节约用水监督员吧。

大约30%多的水用于夏季，为什么？因为人们要浇灌草坪。在此过程中，绝大部分的草坪要浪费掉实际所需数量一倍的水。实际上，水只需浇透2.5厘米厚的土层便可（将螺丝刀插入土层，看水已浇到了多深）。如果你负责浇灌草坪，一周浇一次就可以了。最好选择在早上进行，这样可以避免水分受热蒸发；也不要在风天浇，因为风会把水分吹走。另外，注意洒水器的目标是草坪，而不是人行道或车道。

材料： 纸；铅笔；盆；秒表或可以精确到秒的手表；大量杯。

步骤：

1.检查渗漏：检查一个选定建筑物中的所有水龙头（如家或学校），注意内外兼查，不要遗漏。观察每一个水龙头几秒钟，看是否有水滴出，并列表记录下所有滴水的水龙头。当你发现一个滴水的龙头时，试着拧紧它。此时它停止滴水了吗？如果没有，在表中此水龙头旁画一个星形——它该修了。

2.多快：在水龙头下放一个盆，先估测一下大约多长时间盆会接满，再让人拧开冷水龙头，实测出接满一盆水所用的时间。实际上，水流出的速度要比你想象得快。端盆时，小心不要将水溅出，以免浪费。实验结束后将其利用，如浇花。

3.多少：在水龙头下面放一个大的量杯。稍微拧开水龙头，使水滴持续流下即可。大约10分钟后，记下多少水流了出来。将水倒出（注意别浪费），重新试验。此时使水滴滴得快一些。大约10分钟后，记下共有多少水滴出。比较两次的试验结果。设想一下，如果水龙头持续24小时漏水，那将会浪费多少水？

话题：资源

水龙头很容易浪费水，因为简单的一开、一关都会使水流出。有时你让水流得太快，而有时你让水流得时间太长，再者，即使你不用水的时候，水龙头也可能是漏水的。要知道，在一分钟之内，一个淋浴喷头就可喷出相当于40大玻璃杯的水。如果在刷牙时你依然让水流着，那你浪费的水足以装满10个饮料罐。如果清洗餐具的时候你让水持续流着，那你浪费的水足以清洗一辆车。除节约用水外，还有可以减小水流的装置。一个"慢流喷头"能将从喷头流出的水减半——同时喷头仍然能够正常工作，并且乍用起来感觉良好。

人们曾经以为将垃圾和其他废物倒入大的水体中（如海洋）不会将水污染，而现在我们知道这种想法是错误的——可即使是这样，我们还在不停地污染水，如某些城市将未处理的、含有害细菌的水直接倾倒流向海洋的河流，于是杀虫剂和其他化学物质也就顺流入海，并且某些空气污染物也在大海中生了根。

清洁环保行

含有化学物质的清洁剂冲入下水道，最后排到人们从中吸取饮用水的水体中，为了人类的健康，让我们调制一些不含化学物质的天然清洁剂。

"多源污染"是指有多个污染源而不是由一种污染源造成的污染。举个例子说，流经农场的水是被杀虫剂所污染的。正由于原因错综复杂，多源污染很难控制，这需大批人共同努力方能有所改观。

材料：食用油；柠檬汁；发酵苏打；醋；水；量杯；储存瓶；抹布。

步骤：

1."万用清洁剂"：商店里买来的清洁剂含有一些有害的化学物质，它们即使是少量使用也会对人和动物造成危害；还有一些甚至有"腐蚀性"——连人的皮肤也不放过。我们可自制一种天然的清洁剂，将50毫升发酵苏打，125毫升醋和40升温水混合，并贮存于贴好标签的瓶子中。

2.玻璃清洁剂：商店里买来的玻璃清洁剂含有对人体和动物有害的化学物质。我们可自制一种天然的清洁剂，将醋和水以1：5的比例混合，贮存在贴好标签的喷雾器里，试着用它去擦玻璃，效果如何？

3.擦洗剂：商店里买来的用于对付顽固污渍的粉剂有害于人体和动物，它们含有有害物质，我们可自制其天然替代品，将发酵苏打粉撒于顽渍的表面，再用湿布擦拭，这种做法可能会比用买来的擦洗剂多费些功夫，但效果很好。

4.木材磨光剂：商店里买来的磨光剂，虽然它们里面化学物质的含量非常微小，但对人体和动物都是十分有害的，而且这种制剂很容易起火，我们可以自制其天然替代品，可将柠檬汁与食用油以1：2的比例混合，再用软布蘸取擦拭。

5.扩展活动：比较天然清洁剂与店售清洁剂的使用效果——可进行科学实验，你认为是什么原因使人们选择使用店售化学性清洁剂而不是天然清洁剂呢？

话题：污染　资源

表层水体会以多种方式被污染。例如：垃圾会被倒入河流、湖泊；含有有害细菌的人体废物会被直接泼入河流；居家排出的废水会有洗涤剂、漂白粉及其他住家中所特有的化学物质和厕纸一类的纸制品。工业废水也很可怕，它有大量集中的有害化学物质——所有这些污染都会直接或间接地影响水质。举例讲，磷酸盐（可存在于某些洗衣店和洗碗剂中的化学物质）及硝酸盐（存在于人或动物的粪便以及许多农场或草坪的肥料里）加快了池塘、湖泊中水藻的生长速度。这样一来，水藻耗尽了水中的所有氧气，从而导致水中的其他生物死亡。不仅如此，一些看来完全无害的东西——如热水——也能污染水本身。一些工厂和核电厂从湖泊或河流中汲取冷水，用于它们装置的散热。在使用的过程中，冷水的水温升高，生成的热水又流回到湖泊或河流中。在温水中，某些水藻能迅速生长，而一些鱼类却无法存活。

地下水也是很容易被污染的，由于像海绵一样的土地会吸收倒在它表面的任何东西，所以地表的一切都会污染地下水。仅仅几升渗入地层的油漆、汽油、煤油就能污染几十万升地下水；杀虫剂和化肥也能渗入地层，污染地下水。另外，垃圾倾倒点积存的有害化学物质，甚至是冬天用于路面防滑的盐类都会影响地下水的质量。

油渍的烦恼

任何形式的水污染都是不容易清除的，而清除溅在水上的油更是尤其困难。那究竟有多难呢？自己动手，通过制造一个小小的油花来得到答案。

材料：两个铝箔制易拉罐；水；用过的汽油（或食用油，只是效果不会很明显）；滴管；棉花球；尼龙；纤维；纸巾；洗碗液；羽毛；盐——任选。

步骤：

1.在罐子中装入半罐水。

2.把5—10滴油滴入水中，造成"油滴"的效果，看看油和水混合在一起了吗？

3.吹动水面或摇动罐子，在这个微型"海洋"中营造出浪潮的效果。水面上的油怎么样了？为什么尽快除去油花是很重要的。

4.用一片羽毛去蘸水面上的油渍，羽毛怎样了？油渍的羽毛会对鸟产生什么样的影响？

5.棉花球、尼龙、纤维或纸巾，以上哪种清除油渍最得力？试验每一种材料，必要时可多制些油渍，每种材料能清除掉多少油渍？你能以多快的速度清除油渍？你遇到了哪些问题？随着时间的推移，油渍有什么变化？如果恰逢一场巨大的风暴，此时清除海面上的油渍会有多少困难？

6.在第二个盛了一半水的罐子中制造"油渍"（5-10滴油），然后加入5滴洗碗液。油渍有什么变化？在真正的海洋上，油在这种情况下会飘到哪里？滴入了洗碗液的水现在究竟有多"干净"？二者谁危害更大——油还是洗涤剂？

7.变化：用盐水代替水，重复上述步骤，并观察两次试验的结果有何不同。

话题：污染 资源

石油泄漏已经引起了很大的关注，如1989年阿拉斯加海岸附近的一起以及1991年海湾战争中的数起事件。可这仅仅是污染水体的石油泄漏事件中小小的一部分。海洋中50%多的油来自陆地上如工业处理等过程产生的多源污染。其中油船泄漏占去10%，剩下的则来自日常海洋作业中所用去的水，如油轮在海洋上清洗、冲刷油箱。而最麻烦的事情是至少有40%的源于大陆的复杂油污染是由车主造成的，因为他们更换自己的汽油，并将其不正确地处理掉（油是应该被送到服务站以供循环利用的）。漂浮在水面上的油能杀死水生动植物。如果油沉到水体底部或覆盖在海洋上，蛤、蚌一类的动物就不能繁殖了，即使能够繁殖，后代也已被侵害。另外，被油浸湿了羽毛的鸟是不能够飞翔的，而且羽毛也失去了保暖的功能。

　　水里面的油是不容易清除的，甚至一些除油办法同油本身一样对自然环境有害。洗涤剂之类的表面活性剂能将油分散。通常是由飞机将其滴洒到大面积的油污染上。在很多情况下，尤其是在茫茫大海上，这是对付油污染的唯一可行办法。我们也可以用浮水和吸水物质——如稻草、棉花或尼龙——来吸收油，但这比前者耗资要大，而且耗时较长。最后，还有一种比较有争议的除油办法，那就是利用"食油微生物"。

棘手的垃圾堆

北美人平均每人每年制造的垃圾能装满一辆翻斗卡车，把你在一星期中制造的垃圾都收集起来，看你究竟能制造出多少。

材料： 垃圾；带盖和塑料套筒的大垃圾桶；几个大盒子；纸；铅笔；浴室用体重秤；每人两个小塑料袋——任选；大塑料垃圾袋。

步骤：

1.这项活动可以由全班或一家人共同进行，要求是每个人收集他在一星期内制造的所有垃圾，全组的垃圾按不同种类——如果食品垃圾、金属垃圾、玻璃垃圾、纸张垃圾和塑料垃圾——放在不同的单独容器中；如果人不会总在垃圾容器附近，他（她）可以随身携带两个小塑料袋，一个装食品垃圾，另一个装其他垃圾，过后再将其倒入指定的容器中。

2.用一个带盖和塑料套筒的大垃圾筒装食品垃圾和由于被食物弄污而产生的垃圾（如装汉堡包的盒子）。如果你通常用的是垃圾处理机，可以把这些垃圾放到食品罐中。

3.分别用大盒子装塑料、玻璃、金属及纸制品等废物。要用清水冲洗塑料、玻璃和金属，使它们不至于发出异味，同时小心不要让玻璃或金属割伤。

4.出于对卫生的考虑，有几种垃圾是你所不能够收集的，如厕纸和卫生纸，但要在一周内每天保持列单记下——用去了多少张厕纸和卫生纸。

5.在一周的结束之日，称量所有的垃圾。你可以抱着垃圾袋站在浴室用的体重秤上，在得到的结果中减去你的体重，即可得到垃圾的大概质量（如果你用轻质塑料袋装垃圾，那得出的垃圾质量会十分准确）。凭借你用的这种秤，你可以直接测出装满了食品垃圾的金属罐的质量。所有的垃圾一共有多重？哪一种垃圾最多？

6.每人每天丢弃多少垃圾？将垃圾的总重除以天数（如，若5天之内收集到20公斤垃圾，那么每天4公斤）；然后，再将每天的垃圾重量除以活动小组的人数（如，如果4个人每天收集4公斤，那么每人每天收集1公斤）。

7.讨论应该如何处理这些垃圾，也许你能将这些食品垃圾制成堆肥（见下页）。另外，你所在的区域有路边再循环利用工程或是可能容纳一些其他垃圾的回收站吗？将你收集的纸制品垃圾分成两类：一类是已经被彻底利用的纸；另一类是可能以某种方式再次被利用的纸。你能想出办法利用一下手头的塑料废品吗（如：制成工艺品或贮存器皿）？

8.扩展活动：留心收集那些可能会被扔掉的大物件，将其注入润滑油，用砂纸擦，胶粘，上漆，加固或替换某些零件，看它是否能被继续使用。作为一项主要的修复项目，我们应该学会如何修理锁头、玩具之类的东西。

　　塑料垃圾是我们垃圾问题的重要组成部分吗？数据表明，塑料垃圾占去我们公共固体垃圾的5%~7%。大多数的塑料垃圾是不能够生物降解的，但却可以再利用；有的即使能够生物降解，也是要在强光的条件下进行，并且还会遗留下可能有害的塑料微尘。塑料是由不可再生的一次性能源制造的，而纸张和玻璃一类的材料也是由很昂贵的原料制造出来的。同其他垃圾一样，塑料垃圾也应被尽可能地减少——我们可以提倡的买那些小量、大袋包装的产品或是装在可再利用或再回收的包装中的产品。

　　当你把废物扔到垃圾箱里的时候，并不意味着它就此消失了。有些垃圾被送到垃圾焚化炉烧掉，但并不是所有的，物质都容易烧掉。况且一些物质焚烧的过程还会散发出有害的气体。虽然现代化的焚化炉能在烟气进入空气之前去除其中的这部分气体，但浓烟本身依然存在问题。最终，焚化后所留下的灰烬还含有有害金属，如铅和镉。

　　每年，海洋中的塑料垃圾都能杀死成千上万的海洋生物。举例来说，强风经常把氦气气球吹到海洋上空，当气球里的氦气漏光后，气球就飘落到海面上，并被咸咸的海水冲去颜色，这时，一些海洋动物和鸟类就会把透明、漂浮的塑料布当成是可以吃的食物。有时，鲸也会在不经意间吞下这样的气球，结果是它粘在鲸的胃里，导致鲸的死亡。另一种危险的塑料垃圾形式是一种塑料圆环，它们是用来捆扎6

瓶一捆的饮料的。海龟、海豚、鱼、海豹以及海鸟有时会被这些圆环套住鼻子、嘴、脖子和鳍部。由于它们弄不掉这些圆环，因此通常的下场就是死亡。因此，在你把这样的圆下扔到垃圾箱里之前，记得先把它们切成小块。

话题：污染　资源

人们曾经将用过的物体反复利用，他们从未想过把东西只用一次，然后就将其扔掉。可是如今，我们已经被那些用过即可抛弃的东西包围了，如塑料袋、纸兜、铝罐、塑料包装纸、纸巾、回形针、一次性打火机、麦片盒子、口香糖包纸、巧克力棒包装纸……于是工厂用昂贵的原料和能量制出的产品，就这么成百万公斤地被扔掉了。日复一日，垃圾堆只高不低。垃圾的1/3多是纸制品，其余的则是庭院废品、食品、废品、玻璃废品、金属废品和塑料废品。其中，我们扔掉部分的1/3是起包装作用的产品，某些包装纸起一定包装作用，但大多数只是想凭借它来吸引你的注意力，使你掏腰包买这一产品而不是别的，有时甚至是"诱惑"你来买你根本不需要的东西。

绿色处理法

我们常通过掩埋的方法处理垃圾。有一些垃圾会分解直至消失，但大多数却不会这样。下面试试掩埋不同种类的垃圾。

材料：垃圾样品（例如：不同种类的纸——卫生纸、信纸、报纸、纸巾、鸡蛋壳、苹果核、瓶盖、塑料包装、一双尼龙袜、铝箔、一片面包，纯棉布）；大的纸板盒；铝箔片或塑料片；土（不要用消过毒的盆土，因为它不含所需的微生物）；冰棒棍；水；橡胶手套；纸；铅笔；洗碗碟的盆子——任选；衣挂；夹衣夹；小铲子。

步骤：

1. 取几块相同大小的废物。

2. 用铝箔或塑料做大纸板盒的衬里，然后装入半盒土。

3. 把每种废物样品分别放在"垃圾处理场"上，用一堆土把每种样品都掩埋，一定要压紧。然后用冰棒棍在土堆上做上标记。

> 不同种类的材料分解所需的时间不同。一张纸分解大约需要一个月；一只毛袜完全分解需要一年；一个冰棒棍在地上几百年都不会完全分解。

4.把"垃圾处理场"放在温暖而有光照的地方（例如：窗子旁边）。保持土壤湿润，但不要过潮。

5.每隔两周，挖出样品，戴上橡胶手套，仔细检查一番，看看哪种样品分解地快？哪种分解地慢？这告诉了你什么呢？继续观察你的"垃圾处理场"，直到你认为这些材料已经最大限度地分解了为止。

6.变化：在外面的土地中挖几个大约15厘米深的洞，把每个洞弄湿，放入不同种类的废物，然后将洞填满。把每个洞都做好标记。一个月以后挖出废物，看看哪种分解了，哪种没分解。

7.扩展活动：被抛到湖里的垃圾会产生什么样的变化呢？遵循上述步骤，但是要用一个装满水的盆取代"垃圾处理场"。当水蒸发了，再换些水。被扔到街上的垃圾会产生什么样的变化呢？用夹衣夹把一些合适的废物样品固定在衣挂上，并直接放于阳光下（窗子会过滤掉光分解所需的紫外线）。

话题：污染 生态系统

大多数垃圾被运到垃圾堆或卫生的掩埋式垃圾场。在那儿垃圾车将垃圾倾倒在地上。过去垃圾常常被堆在外面，不但难闻，而且常会引来老鼠和苍蝇。如今，垃圾会被压缩并用一层散土覆盖，掩埋式垃圾场由垃圾废料和土壤的交替层组成。最终，掩埋式垃圾处理场会成为一个被树草美化过的"山"。

掩埋式垃圾处理场也不是解决垃圾问题的最好办法。我们会用光我们的土地。有时候有价值的土地或是平衡的生态系统也会因为掩埋式垃圾处理场而被破坏。人们把一些危险的家庭垃圾——如电池、药品或烤炉清洁具——扔到垃圾中，却从未意识到它们会去破坏环境。一些掩埋式垃圾处理场中，当雨中和流失的泥土不断渗透时便会形成滤液。滤液会污染地下水资源。最后，你可能认为将那些理应能生物分解（腐烂后又成为地球的一部分）的物质掩埋到垃圾场会污染地下水，但是几乎不含氧与水汽的地下深水层却不会被污染。科学家们曾挖开掩埋式垃圾处理场，结果发现掩埋了20年的胡萝卜和谷穗依旧原封未动，沉睡了20年的报纸仍然依稀可读。还有一些物质根本就没有分解。这些物质是我们对地球资源加工后得来的，所以它们永远都不可能再成为地球的一部分了。综上所述，解决垃圾问题的最好办法就是停止制造这么多的垃圾。

土壤梦工厂

合成肥料是我们可以从垃圾中获益的一种方法。它可以减少垃圾场中的垃圾。在下面的活动中，建一个你自己的"合成化肥厂"。

材料：带盖的塑料垃圾桶；刀子；土壤（未经消毒的）。剪下来的草样（最近未喷洒过除草剂的）和一些其他的有机物（不要肉或骨头，因为它们会引来动物；也不要核桃树叶和常绿树的落叶）；长柄叉或铲子；一种蠕虫——任选（最好用红色蠕虫，你可以在鱼饵店买到）。

步骤：

1.在垃圾桶和它的盖上到处打上洞，以便空气流通。

2.制造肥料所需的原料比较简单：把土、食物和院子里的一些废物拌着水分和空气掺在一起。开始你可先用3个薄层来制肥。第1层应由2.5厘米长的草和土组成，接下来一层可含有厨房中的废物，为了加速肥料的形成，要把这些厨房中的废物撕碎。第3层可由腐烂的叶子组成。再在最上层洒一些土。投入一些如蠕虫一样能加速腐烂的东西，它们会有助于这样材料的分解。

3.把垃圾桶盖上盖儿，放在光照充足的路边。不要将它放在墙的附近，因为那些有机物应很好地通风。

4.在制肥过程中，你可以再添加一些厨房中的废物。你的"肥料加工厂"需要均衡的成分才能产出高质量的肥料，所以每当你添加厨房中的废物时，请你再加一些土、叶子和剪下的草样。

5.保证那些有机物具有一定的湿度，但不要过潮。为了去除异味，加快肥料形成的过程，一定要用长柄叉或小铲经常搅拌。

6.当垃圾桶装满3／4时，就不要再加有机物了，让制肥过程开始吧。

7.如果你事先添加的成分已被撕碎，制肥过程便有了良好的开端，那么你的肥料至多在两三周后就可以制好。比较一下实验的终产物和最终的垃圾，你会发现什么？请把你制成的肥料施入花木中或花园里。（肥料也可以是给园丁们一份很好的礼物呀！）

▍话题：资源　土壤　微生物

垃圾场的最终产物至少有20%是有机的（曾经是有生命的物质）。肥料是有机物腐败或腐烂时形成的，而这种腐败主要是由诸如细菌、真菌、蚯蚓、蜗牛等造成的。可能成为肥料堆的成分包括：叶子、草样、稻草、干草、蔬菜、果皮、咖啡豆、用过的茶叶袋、花生、干果壳、小块的鸡蛋壳、锯屑和报纸。农民们经常在肥料堆中加一些粪。因此，在冬天或春天的早晨，如果你看到一堆堆热腾腾的大粪，这一点儿都不奇怪。制肥中的微生物变化过程能产生很多热量，使很多水分都会蒸发掉。这些水蒸气遇到冷空气时便凝成了水汽，当肥料颜色较黑，脆硬易碎时，便大功告成了，这时你可能还会见到原来有机材料的一些残留物。

回收做得到

如果你把废旧的材料当成垃圾，你便会扔掉它们；但若你把它们看作一种资源，你就会去回收它们，就让我们试试回收纸吧。

材料：报纸；番茄皮或胡萝卜皮；量杯；果汁机；大蛋糕盘或其他试盘；窗帘；擀面杖；食用色素——任选。

步骤：

1.将几张报纸撕成小片。将报纸碎片压入量杯直到100毫升处。

2.在一果汁机中注入300毫升水。再加入一些报纸碎片或蔬菜皮。盖上果汁机后把它们搅拌均匀。此后可再加入一些报纸碎片和蔬菜皮，盖好盖子后搅拌。持续上述步骤，直到所有配料均用尽，纸浆均匀为止。

3.在蛋糕盘底铺上一块窗帘，在其中注入400毫升的水。

4.将一半纸浆放在盘中（用完前一半后可再用剩下的部分），再用手在水中将纸浆均匀铺展于布上。将纸浆拍平并堵上所有的洞眼。

5.从中间将一报纸册打开放在桌上。将窗帘小心从盘面移开，让水流尽后，把带有纸浆的窗帘放于展开的报纸的半页上。

6.合上报纸。小心地将报纸合上且要使窗帘高于纸浆之上——这很重要！

7.用擀面杖在报纸上滚动以从纸浆中压出多余的水分。压紧擀面杖，来回多滚动几次。

8.现在你便拥有了潮湿的再生纸。请打开报纸，小心地从再生纸上揭去窗帘。如果再生纸粘在上面，你便得多压出点水来。

9.一把窗帘撤走，就把一张干报纸放在再生纸上，并且用擀面杖将再生纸碾平，然后将此再生纸置于报纸上晾干。

10.把此再生纸晾干可能需要两天的时间。纸干后请小心地将其揭离报纸。这张干的再生纸可能看起来、感觉起来均像纸板。请在这张再生纸上写一封信吧，然后再把它寄给你的朋友。

11.变化：在纸浆中加入食用色素，便可以得到彩色纸张。

话题：资源　能量

对物质进行再循环一定会耗费能量，但是这总要比把这些物质扔掉好得多。更少的垃圾最后堆成山，意味着会给无法再循环的物质留有更大的空间。人们扔掉的东西，有一半是可以再循环的。许多地区现在已经开始对报纸、玻璃、饮料罐、瓦楞纸和塑料等物质实施了再循环项目。一些工业部门在通过交换垃圾来实现再循环—— 一家公司扔掉的东西，另一家公司可能做原材料。

在工厂里废纸切碎、捣烂制成纸浆，然后再还原成纸张。再生54公斤左右的报纸相当于少砍倒1棵大树。废纸进行循环，不仅可以少砍伐树木，还要比用新纸浆造纸节约30%—40%的能量。在玻璃再生工厂里，瓶子和罐子被粉碎成小玻璃块。这些小玻璃块被熔化后与新玻璃混合在一起并可以重新使用了。铝可以被反复再循环。饮料罐和其他铝制品，如猫食罐和铝箔被磨成金属屑，这些金属屑被熔化后，制成固体金属条。这些金属条被轧成铝片后，卖给易拉罐制造商——这些制造商用铝片做成新的罐子。石油是一种可以很容易被再循环的，不可重复使用的资料。再循环过的机油和新油一样好用。把使用过的油清洗、过滤然后混入新的添加剂就可以了。

一棵生长近15年的树可用来做大约700个纸袋。一个大型的超级市场不到一个小时便可散发出700个装有物品的纸袋。

寻找并使用里面附有再生纸的产品。一些麦片、饼干、小甜饼包装的纸盒是由再生纸板做的，若里面是灰色的，此硬纸板便有可能是再生的。请买再生纸来写东西，不可只用纸的一面——另一面可用来作剪贴纸，这也是一种回收。你可知道一个国家里学校比其他任何人买的书都要多？请你检查一下有多少课本是由再生纸印刷的。

点菜的副产物——垃圾

很多人因为快餐店使用很多食品包装而认为它对环境的破坏很大，其实通过下面的活动你就会改变想法而且学到很多东西。

材料：钱和好胃口。

步骤：

1.这个活动对一群饥饿的人来说是蛮不错的。每个人去一家不同的快餐店（用四五家饭店作样本），并且点同样的东西（例如：同样大小人们常吃的一种汉堡包，同样大小种类的奶昔，同样大小的法国鱼和一个圣代冰激淋）。"带出"你点菜的单据。

2.每个人吃完饭都要留下他们的"垃圾"——所有的。把服务人员给你的所有东西都保留下来——甚至是你没有用过的餐巾和咸盐包，把从不同快餐店带回的垃圾分别存放。

3.分类整理一下所有的垃圾，看看哪家快餐店随饭卖出的垃圾最多，哪家的最少？汉堡包的包装袋都一样吗？其他种类食物的包装怎么样呢？垃圾中有多少是纸？多少是塑料？还有用其他材料制成的包装袋吗？产生这么多的垃圾你感觉到惊讶吗？

4.读一读下面的小故事，你认为快餐连锁店都做了什么？你认为

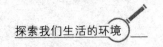

纸质的汉堡包包装袋或包装纸比聚苯乙烯的好吗？为什么快餐店要使用用完即丢的包装呢？它们可不可以不用这种包装呢？什么可以代替这种包装？如果这种包装导致食物价格上涨又该怎么办呢？

话题：资源　决策　污染

"用把它包起来吗？"想想你最近买的一些东西，再想想它们的包装。想想不同包装的种类、大小和重量——包括塑料的或玻璃的瓶、罐、盒子、箱子和袋子——还有一种产品用不同种材料包装。打包的优点包括：方便、卫生、安全及销售过程中耐久，而它的缺点就是包装的隐含价值有时可以占生产成本的50%以上，而且大多数包装最终都变成了垃圾。很多人的注意力都聚焦在快餐店产生的垃圾上，因为快餐店使用数以吨计的纸和塑料来包装食物。令人不快的是所有这些包装在他们卖出食品15分钟之内就被扔掉了。这些包装可能有利于食品的保温和携带，但是为了这些好处而破坏了环境，这值得吗？

很少有人知道如何来制造、使用和销毁包装的问题。我们需要的是仔细的彻头彻尾的科学研究。这些研究可能会花费很多的人力和物力。因为我们观察用于包装的每样材料时，都要从它的制造看到它被我们消耗。例如：一种包装最终可能会产生更多的废物，但在制造过程中，它可能比其他种类的包装消耗的能量少。那么，哪一种包装更好些呢？决定采用哪种包装要考虑到它的成本回收成本的速度，有什么损失（如：它是否卫生）和基于环境，哪种包装比较好？

快餐故事真实秀

从前有一个快餐连锁店，它的分店遍及全世界。很多年来，这家不出名的连锁店为大家提供了不计其数的奶昔、薯条和汉堡包（它的招牌证明了这点，所以这一定是事实），当然这也就伴随着不计其数的包装纸、塑料箱、塑料盒、纸碟、塑料杯、纸杯、塑料吸管、纸巾、装在纸包里的盐、番茄酱和塑料叉、勺的使用。

终于有一天人们开始为生存环境忧虑了。因为所有的垃圾都不会在圣母的魔棒轻挥间消失（而且你也知道圣母是非常少的），多糟糕呀！于是，人们开始了抗议，成人们打着"不要在这儿吃饭"的标语在快餐店门前游行，孩子们拿着他们可以再度使用的盘子和餐具在快餐店前抗议。当时，新闻充斥着报纸、广播、电视。

快餐店认为人们太不公平了。它不惜重金做广告告诉大家它所产生的垃圾与垃圾场中所有的垃圾比只不过是九牛一毛（仅占0.25％），这家快餐连锁店说得很对。另外，这家连锁店还不明白为什么人们在谴责饭店的同时，大概每个人都在家、在工作岗位上、在学校里做着一些有害于环境的事。

然而，人们还是在叫喊、游行、写信……总而言之，抱怨着。于是快餐连锁店不得不采取措施了。它开始实施了饭店再循环工程。它为人们提供了两个大箱子扔废物。一个箱子装可回收利用的东西。另一个可以装任何东西。好主意——少数几个人说，坏主意——更多的人说。人们搞不懂什么属于哪个箱子。他们依旧在抱怨快餐店产生太多的垃圾——可再重新利用的、不可再重新利用的。

快餐连锁店不得不再采取一些其他措施。它们迈出了很大一步——改变了汉堡包的包装。汉堡包的包装是人们呼吁最强烈的东西之一。连锁店把汉堡包的聚苯乙烯包装（一种塑料）改换成了纸包装。

突然，一些人不再骂快餐连锁店了。取而代之，他们开始喊"呀呼（音译）！"他们说他们赢了。他们还说纸包装对环境很有益。但是，故事还没有结束。

其他人开始高呼"等等！"（孩子们的叫喊声仍不绝于耳）。他们说纸包装对环境也不好。如今，事情变得更复杂了。

1.聚苯乙烯的包装很容易被再循环利用，因为剩下的食物可以在既节能又省水的情况下被清洗掉，而纸包装却不能够被清洗。如果纸上带有番茄酱或芥末——这些东西在汉堡包上找到并不奇怪——它们就不能被再循环。如果大多数纸包装都很脏，那么它们就不值得我们为纸而进行饭店再循环工程了。所以纸包装最终还是要被扔到垃圾场。

2.纸张能够进行生物分解，而聚苯乙烯却不会。但是，一旦包装到了垃圾场，它是纸或是塑料的就没有太大区别了。垃圾场没有足够的水分和空气可供物质分解。"20岁"的胡萝卜被从垃圾场中挖出来，它们看起来仍然像胡萝卜。

3.有些人说聚苯乙烯包装的方法破坏了环境，但是它的新制法好多了。但不管怎么说制纸和塑料包装都会产生污染并且消耗能量。

4.聚苯乙烯包装是由不可更新的化石资源制成的，这是事实。但是纸包装是由树木制成的——现在我们林业资源已经很少了。

5.一个纸盒比一个聚苯乙烯盒要重。采用更多种材料制盒子，这就意味着一个盒子要产生更多的废物。

人们听到这些，呼吁声就更强烈了。一些人说快餐连锁店应该用并且重复使用可清洗的碟盘。但是这样也有弊病，那就是洗众多碟盘所带来的水的问题以及污水处理的问题。

那么，快餐连锁店是做了件好事吗？一些人说："是的"。快餐连锁店听从了人们的建议，至少尽量采取了一些措施。其他一些人说："不是这样的，因为快餐连锁店不会赢，人们不会赢，更重要的是环境不会赢。"我们做事不应该仅仅为了使人们保持安静，我们应该做一些一举两得的事情。我们不得不把每一件事情都仔仔细细地考虑一番。

人们仍旧在呼吁，在叫喊。故事仍然没有结束，环境问题依然处于窘境。而伴随在你、我每个人左右的快餐店也依然是一个悬而未决的问题，要想达到一个比较令人满意的结果，我们就必须做更大量的工作。以后，我们就会过上快乐、平静的生活了。

我选择我做主

不管是什么时候，总之当你做一件事情的时候，你总要考虑你的投入究竟能有多少产出。下面的这些集纸比赛告诉我们选择并不是件易事。

材料：纸；两个袋子；卷尺；秒表。

步骤：

1.第1场比赛砍倒一些树并制一些新的纸张，把10页纸摆放在50米外的地方，注意要让这10张纸彼此靠近，看看谁能在最短的时间内跑到终点，拾起所有的纸然后再跑回起点。

2.失业人数很多，人们需要工作。所以让两个人来工作，让他们同时开始比赛，然后收集纸张再一起跑回来，当每一对选手中的最后一个人跑回起点时，停止计时。比赛需要多长时间？要想在最短时间内完成这项工作，一个人效果最好还是两个人效果最好？在比赛中，那个第二者真的帮上忙了吗？

3.第2场比赛需要收集来源于家庭及社会的旧报纸以便回收利用。把五张报纸撕成许多小片，然后将他们散布在一块5米乘5米大小的地方，一个人必须无一遗漏地将每一片报纸都收集到自己带的包中，完成这项任务需要多久？这比仅仅是跑50米然后收集回整张报纸所需要的时间长吗？是回收整张的报纸还是回收撕过的报纸更容易些呢？

4.失业率依然很高，也许让两个人来从事再循环工作会很有意义，再撒一些碎报纸，让两个人共同来收集这些纸。完成这项任务又需要多长时间？两个人合作收集这些纸张是不是会更容易些呢？在这项工作中，第二者是不是比他在第一场比赛中更起作用呢？

5.哪场比赛更好些？它们各自的优点和缺点，都是什么？哪场比赛花费的时间最短？哪场比赛消耗的能量更多？要想在第1场比赛中取得理想的成绩，你需要擅长哪方面的技能？要想在第2场比赛中取得理想的成绩，你需要擅长哪方面的技能？如果失业率很高，那么哪场比赛更好些？如果那些失业的人仅仅知道如何拾大张的纸而不知道如何拾小张的纸怎么办？对他们来说，哪场比赛更合适？在第2场比赛中只用了五张纸，其余5张（即：树木）被保留了下来，这样好不好呢？哪场比赛最有趣？

话题：决策　资源

如果说环境问题容易解决，那么至今所有的问题就早已不称之为问题了。它可不像在"对"与"错"，"好"与"坏"中做选择那样简单。例如：免洗的尿布被许多家长所推崇，而它也不可避免地带来了大量的城市垃圾。免洗尿布和可以重新使用的布尿布对环境的冲击是非常不同的，免洗的尿布是用一种很珍贵的原料制成的，而且它会产

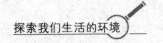

生固体废物。而布尿布又需要消耗大量的水和能量去洗。哪种尿布"比较好"呢？

虽然实施再循环是一个很好的办法，但是，在我们这个世界里推行这项办法却很困难。因为我们不得不考虑大规模的再循环工程的费用与制造新产品费用的比；考虑它们各自需要多少能量，需要哪些资源，会产生什么样的污染以及人口数量如何能够影响活动的进行。例如：再循环纸张比砍下树木再制新纸花费的金钱和能量多吗？收集并运输大量的用于再循环的纸张需要花费很多钱，再循环纸张产生的水也很污浊。那么，我们应该在哪儿，又应该如何处理废纸呢？除了便利及产品质量问题，我们还要考虑许多问题。一个好的解决方案不但需要衡量好与坏，优点与缺点，而且还要为每个人的今天与明天着想。

图片大头贴

我们都是地球这颗行星的守护者，我们亦有工作去做，下面这种方法可使你想到大的图片并因此能很好地去做你的工作。

材料：一张大纸；多张信纸般大小的纸；铅笔。

步骤：

1.这个小组活动在5个或更多的人之间进行，效果最好。

2.在人们了解此活动之前，请给出这些指导：想出你需要做和想去做的10件事，它们可以是任何事，将此10件事写下来并在每一件事的边上写下你认为应做的时间：不要给出其他任何的指导或信息。

3.当每人列出清单后，请在一张大纸上画下一个矩形，在矩形上画出5行、5列。

4.每一列分管时间，分别在这5列上标出：明天、下周、今年某个时间、我一生中某个时间、我孩子一生中的某个时间。

5.每一行分管人，分别在这5行上标出：家庭、朋友／邻居、城市／地区、国家／种族团体、世界。

6.每个人都应在他们想法所属的空格内标上小点，例如：某人想到与朋友明天去购物中心，此点便属于"朋友／邻居"行与"明天"

列交叉成的空格，若有人想到参加下周的公园清扫活动，那么便把一点标在"朋友／邻居"行与"下周"相交而成的空格里。

7.当每人均已填入一点后，请回过来看一下这张大图片，大多数点都在哪儿？为什么大多数的想法都与你相近的事相关联？想到多年前做的事容易吗？想到解决世界上的问题容易吗？

8.看一下成为地球这一行星的好的守护者的12步，"你会遵循其中的多少步骤？这些步骤怎样才能帮你""通盘考虑，局部实施"？只要你关注于身边的事情，就会以某种合理的方式去处理它们，而这种方式恰巧会在多年后给地球以帮助。

话题：人类行为　决策　环境意识

你曾听说过"一叶障目，不见森林"这句话吗？它的意思是指我们有时为日常生活中的琐碎之事——周围所有的"叶子"——所控制，但类似于"森林"这样更大的图画却被遗落。例如：你随身听里的电池没电了，恰好你身边有个垃圾桶，你知道不应将电池扔入其中，因为电池是有危害的废物，电池最终不应进入垃圾场，但这只不过是一节电池而已，它会带来什么害处？将这节电池放置于特殊的废物堆放地确实是够麻烦的，你应该怎么办？你应通盘考虑，局部实施首先应想到它会毒害环境，因而多花些力气和适当地处理这节电池，然后去购买一节充电电池，想将这样大的图像放在心中会很困难，但确实很重要，你会很正常地想到与你最接近的事物。但经过一些实践之后，你就会考虑到更大范围内的东西。

如果你已决定做一些琐碎的小事，比如：用散步或骑车来代替乘车，或当你不需要灯时把它们关掉，或回收利用资源，那么你便已经在帮助阻止温室效应、酸雨、能量浪费和垃圾场泛滥，每个人所做的任何事都是有价值的。

12招让你练成地球守护者

1.遵循下面三个原则——降低消耗，重新使用，回收利用。降低消耗在于只买你真想买的东西，且使用的任何东西都要尽可能少，下面是一些例子：只买能长久使用的高质量产品，使用T恤来代替包装纸包住礼物，这样包装便也成了礼物的一部分。

尽可能重复使用一些东西，要避免使用一次性的产品，下面是一些例子：去买东西时请带上布袋，不要用塑料袋装买的东西，请使用你的午餐盒将你的午餐带到学校，而不要用纸袋或塑料袋，重复使用同一张包装纸。

回收利用你不能重新使用的材料，下面是一些例子：报纸和其他类型的纸，铝筒、玻璃瓶或罐，以及塑料均可被回收再利用，如果你还没有回收计划，请赶快制定一个。

2.请储存像水和能量一样宝贵的资源，下面是一些例子：你能骑车去你想去之地吗？你能关低恒温器吗？你刷牙时关掉水龙头好不好？

3.请将垃圾扔进垃圾桶，而不要扔在地上，假如你看见地上有垃圾，请劳驾捡起来。

4.避免使用会污染环境的化学产品，下面是一些例子：使用天然的清洁剂和有益身体的产品，请不要将颜料或油类液体溅到地上，当无人使用它们时，便应把它们放置于特殊的废物处理地去。

请注意一下天空，下面是一些例子：避免使用含氟的产品以防破坏臭氧层，不要使用汽车内的空调而代之以打开窗户，保存能量以减少温室效应和酸雨。

6.留意污染信号，如不正常的气味，颜色古怪的液体，成堆的垃圾，生病的动物或枯死的植物。

7.当漫步于自然界中时，你只可以记些笔记，照点相片，留下一些脚印，下面是一些例子：不要妨碍动物或捡起它们的蛋或幼仔，也不要采摘花朵，揭去树皮或践踏蔬菜，也请不要留下任何垃圾。

8.时刻警惕野生动物，下面是一些例子：请不要伤害任何东西，哪怕是最小的昆虫，所有的生物在地球上均起到自己的作用，不要购买从野外非法捕得的宠物，若当地动物园不错，请你支持一下，动物应有地方散步，身体应健康，应得到动物园管理人员和公众的善待，假如动物园虐待这些动物，请写信给园长。

9.尽管掌握一些有关环境问题的知识，请参加环境组织或订阅环保杂志，仔细倾听每个人的观点，然后做出自己的决定。

10.写信给地方或国家的领导人，告诉他们你关心的一切，说明为什么你认为应对此采取措施。并提出你的意见，请注意礼貌一点，使用自己的话，千万别忘了要回复鼓动别人也写类似的信，信越多，也就会越受重视。

11.与别人谈之环境，他们对一些问题是如何看待的？你能告诉他们一些他们不知道的信息吗？

12.请慢慢来！学会停下来观察和欣赏自己周围的精彩世界。

口袋观天下

世界其实很像一只鸡蛋。它同样很容易被破坏，所以我们必须好好爱护它。让我们试着在一天中照顾一只鸡蛋，然后在一生中都关心我们的地球。

材料： 鸡蛋；用来给鸡蛋做标记的铅笔、钢笔或蜡笔——任选。

步骤：

1.选择一枚鸡蛋是你早上要做的第一件事。或许你应在蛋上做个标记以确定这是你的。看它像不像我们的地球？

2.迎接挑战：一整天你都要把它带在身边，但要保证它的完整。当然你不可以把蛋放入任何形式的保护装置中。一如既往地做你要做的事，带着鸡蛋去任何你要去的地方。记住，你只有一只鸡蛋，如果破了，你就再没有机会了。

3.一天下来你的感受如何呢？你的蛋保存下来没有？你怎样去做才能保护好这只鸡蛋呢？照顾鸡蛋是一项很重的任务吗？难吗？看看其他人做得怎样？

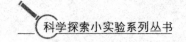

话题：环境意识　人类行为

　　人类给自己起了一个非常巧妙的名字"Homo sapiens"，这个名字在拉丁语中是"智者"的意思，其他种类的动物或许并不赞同这种叫法。的确，一只像驼鹿那样的大动物，都可以在丛林中行走而不会弄断树枝，而人却会在森林中跌跌撞撞的。由此看来，人并不比其他动物聪明到哪儿去。然而，作为一个种群，人的确在许多方面都是很明智的，如我们能利用地球上的资源使我们的生活更加安逸舒适。当然，与此同时我们也造成了许多的破坏和损失。只有人类才能如此的影响和改变环境，这也使得人类对世界负有很大的责任。人类的确是很聪明的，但真正的问题在于：我们真的很明智吗？

　　世界就像一只鸡蛋，而地球上人们的生命、生活，也正如蛋中的一只小鸡一样。地球给我们生命提供各种各样的资源，鸡蛋也给小鸡必需的营养；地球是坚固的，而蛋壳也给予小鸡以足够的保护；地球同样是脆弱的，正如一次猛击就会使蛋黄、蛋清溅出来一样。爱惜地球是我们应尽的责任，就像现在我们要花一天时间照顾一只鸡蛋一样。